MARGOT KREMPIEN

Schweriner Schloßbaumeister

G. A. DEMMLER

1804 – 1886

EINE BIOGRAPHIE

DEMMLER VERLAG

Umschlagfoto:
Thomas Helms, Hamburg,
Das Schweriner Schloß, Porzellangemälde

Fotos und Reproduktionen:
Archiv der Humboldt-Universität zu Berlin (S. 15), Landesamt für Denkmalpflege Schwerin (S. 80, 81, 110 oben, 117, 119 unten, 120 oben), Mecklenburgisches Landeshauptarchiv (S. 17, 35, 112, 116), Privatarchiv Helga Leopoldi, Schwerin (S. 29, 33 oben), Stadtarchiv Schwerin (S. 57,65), Thomas Helms, Hamburg (S. 19, 23, 43, 44, 45, 47, 48, 49, 50, 74, 75, 76, 77, 95, 111, 113, 114, 118, 120 unten), Reproduktionen Archiv Margot Krempien, Schwerin (S. 6, 9, 11, 13, 21, 33 unten, 37, 41, 55, 59, 63, 85, 89, 91, 93, 97, 99, 110 unten, 115)

Für die freundliche Unterstützung und Veröffentlichungsgenehmigung sei dem Amt für Denkmalpflege Schwerin, dem Mecklenburgischen Landeshauptarchiv, Schwerin, dem Staatlichen Museum Schwerin, dem Stadtarchiv Schwerin und Frau Helga Leopoldi, Schwerin, ganz herzlich gedankt.

Bahnhofstr. 36
O-2764 Schwerin
Telefon/Telefax: 4 49 79

Druck: Wullenwever-Druck, Lübeck
ISBN 3-910150-06-3

Inhalt

Lithographie von C. Schultz, Paris 1855

Der Baumeister Schwerins

Überall in Schwerin begegnet man seinen Spuren, den Spuren des mecklenburgischen Baumeisters Georg Adolph Demmler.
Das wuchtige Arsenal am Pfaffenteich, das ehemalige Regierungsgebäude in der Schloßstraße, das Rathaus auf dem Altstädtischen Markt, der Marstall auf der Wadewiese und schließlich das Schweriner Schloß sind nur einige der nach Plänen und unter seiner Leitung im 19. Jahrhundert geschaffenen Bauten in Schwerin. G. A. Demmler, Sohn eines Güstrower Schornsteinfegermeisters, Schüler der Schinkelschen Berliner Bauakademie avancierte vom Baugehilfen zum Hofbaumeister und trug dazu bei, daß Schwerin seit Mitte des 19. Jahrhunderts über die alten mittelalterlichen Grenzen hinauswuchs, sich zu einer großherzoglichen Residenzstadt entwickelte und zum gesellschaftlichen Mittelpunkt des Landes wurde. Auch heute geben die von Demmler geschaffenen Bauten einen Eindruck von dem einstigen Bestreben wieder, über die Grenzen des Heimatlandes hinaus Beispielgebendes und Bleibendes zu schaffen und aus dem Provinzialismus der kleinen Ackerbürgerstädte hinauszuwachsen. Sein von Weitblick und zukunftsorientiertem Denken geprägter, von 1863–1866 entworfener Erweiterungs- und Verschönerungsplan für Schwerin scheiterte – wie so oft – an den fianziellen Mitteln der Kommune und dem Weitblick der Stadtväter. Demmler war nicht nur Stadtplaner Schwerins, Architekt und Baumeister des Großherzogs und Schloßbaumeister, sondern er trat hervor durch sein großes Engagement für die Verbesserung der Lebensverhältnisse der sozial schwächeren Schichten, vor allem der Arbeiter und Handwerksgesellen. Als Bürgerrepräsentant Schwerins hat er sich bleibende Verdienste für das städtische Gemeinwohl erworben. G. A. Demmler war ein Kind seiner Zeit, war ein aktiver Mitgestalter seiner Zeit und hat durch sein fortschrittliches politisches Wirken an den Grundmauern einer auf Demokratie und Freiheit bestehenden menschlichen Gesellschaft mitgebaut.

Vorliegendes Buch vermittelt Einblicke in das umfangreiche Schaffen Demmlers als Baumeister am großherzoglichen Hofe von Mecklenburg-

Schwerin und zeichnet zugleich seinen interessanten und ungewöhnlichen Lebensweg auf. Eine Zeittafel und eine Übersicht mit einer Auswahl von Demmlerbauten in Mecklenburg geben zusätzliche Informationen.

Kindheit und Jugend in Berlin und Güstrow

Demmler wurde am 22. Dezember 1804 in Berlin als ein außereheliches Kind mecklenburgischer Eltern geboren. Sein Vater war der damals 45jährige Schornsteinfegermeister Johann Gottfried Demmler aus Güstrow, der zum Zeitpunkt der Geburt Georg Adolphs (seines sechsten Kindes) noch mit Caroline Elisabeth, geb. Koth, verheiratet war. Demmlers Mutter war die 39jährige Witwe des Amtsbäckers Mau und Tochter des Brauers Meincke aus Güstrow. Die Eltern gehörten in Güstrow zum wohlhabenden Kleinbürgertum. Der Vater entstammte einer alteingesessenen Schornsteinfegermeisterfamilie aus Pasewalk, hatte sich mit 19 Jahren in Güstrow als Schornsteinfegermeister niedergelassen und im Laufe der Jahre zu den wenigen Landesschornsteinfegermeistern in Mecklenburg emporgearbeitet. Er besaß als selbständiger Handwerksmeister und als Mitglied des Güstrower Bürgerausschusses eine angesehene Position. Die aus seiner Beziehung zu Frau Mau hervorgegangene Geburt eines Kindes wurde zunächst verheimlicht. Die Mutter Georg Adolphs brachte den Sohn in Berlin zur Welt. Während sie anschließend wieder nach Güstrow zurückkehrte, blieb der uneheliche Sohn zur Pflege und Erziehung bei der Familie des Schornsteinfegermeisters Meißel in Berlin. Die Stieftochter des Herrn Meißel, eine Frau Holle, übernahm, wie Demmler sich später erinnerte, „mit großer Liebe und Treue Mutterstelle". Der Vater allerdings soll nur wenig für „Kostgeld, Kleidung, Schulgeld usw." gegeben habe.
Wohlbehütet und unbeschwert wuchs der junge Demmler bis zu seinem 9. Lebensjahr als ein „echtes Berliner Kind" in der preußischen Hauptstadt auf. Über seine Berliner Kindheit schrieb Demmler später: „Aus meinen Knabenjahren ist mir nur wenig in Erinnerung geblieben, jedoch weiß ich, während Spandau beschoßen wurde, daß ich mit einem Jungen

Berlin, Unter den Linden, Mitte 19. Jh.

Der Markt zu Güstrow, 19. Jh.

der Nachbarschaft Namens Hauer heimlich nach Spandau ging, um der Beschießung beizuwohnen . . .". Auf mehreren Schulen erhielt der Junge den Elementarunterricht und kam im Juni 1813 auf die bessere Mittel-Knaben-Schule des Vorstehers Friedrich Bartsch in der Berliner Spittelmarktstraße 5. Diese private Schuleinrichtung war 1811 gegründet worden, nahm Kinder vom fünften Lebensjahr auf, und bereitete sie auf den Besuch des Gymnasiums vor. Zu den Lehrfächern gehörten neben Lesen, Schreiben, Kopf- und Tafelrechnen, Mathematik, Religion, Sprachausbildung, Geschichte, Erd- und Naturbeschreibung sowie Naturlehre auch praktische bauspezifische Fächer wie bürgerliche Baukunst, freies Handzeichnen, mathematisches und Landkartenzeichnen.
Nachdem der Vater sich von seiner Frau getrennt hatte und mit der Witwe Mau zusammenlebte, holten sie im Juli 1813 ihren gemeinsamen Sohn zu sich nach Güstrow. Durch das „Ächterklärungspatent" vom 30. 8. 1816 wurde er noch als ihr rechtmäßiger Sohn anerkannt.
Güstrow war damals eine Stadt von rund 6 000 Einwohnern, die vorwiegend vom Handel und Handwerk lebten. Innerhalb Mecklenburgs besaß die Stadt größere Bedeutung. Sie war Vorderstadt und beherbergte auch das Landes- und Hofgericht, den höchsten Gerichtshof Mecklenburgs. Mit dem alljährlich mehrere Tage stattfindenden Wollmarkt, dem bedeutenden Viehmarkt und den Pferderennen war die Stadt auch ein Mittelpunkt des gesellschaftlichen Lebens im Lande. Doch 1813 war Güstrow noch drei volle Tagesreisen von Berlin entfernt, und so erinnerte sich Demmler später, daß ihn seine Schul- und Spielkameraden wie „ein halbes Wunderthier" betrachteten, weil er aus der preußischen Hauptstadt stammte. Die finanziell gute Position des Vaters ermöglichte ihm den Besuch einer höheren Schule.

Erste Anregung zum freiheitlichen Denken

Georg Adolph kam auf das Güstrower Gymnasium, das er bis Ostern 1819 besuchte. Hier schloß er sich einer Schülervereinigung an, die nach der Leipziger Völkerschlacht die „18.October Schaar" benannt wurde und ihm

Das Gymnasium, die sogenannte Domschule, in Güstrow.

erste Anregungen zum freiheitlichen Denken gab. Auf dem Gymnasium stellten sich bald seine Neigungen zu den technischen Fächern, insbesondere zu Mathematik und zum Zeichnen heraus. Der Vater ließ ihn daraufhin in die technologische Klasse versetzen und förderte das Interesse seines Sohnes für das Baufach (bereits mit 14 Jahren hatte Georg Adolph den Bauriß für einen vom Vater in Güstrow finanzierten Hausneubau entworfen). Durch zusätzlichen Privatunterricht im Linerarzeichnen, architektonischen und freien Handzeichnen wurde Georg Adolph zielgerichtet auf den Besuch einer Bauakademie vorbereitet. Zu Demmlers Privatlehrern gehörte der Güstrower Tischlermeister Haikendorf, der Subrektor des Gymnasiums Hahn und der Hauptmann Buschik, bei dem er das praktische Feldvermessen erlernte. Anfang August des Jahres 1819 stellte ihn der Vater beim damaligen Direktor der Berliner Bau-und Kunstakademie, dem Bildhauer und Professor Johann Gottfried Schadow, vor, und gegen Zahlung von 3 Talern wurde der Sohn immatrikuliert.

Als Bau- und Kunsteleve in Berlin

Bis zum März des Jahres 1823 besuchte Demmler die Berliner Bauakademie. Über sein Studium an der Akademie schrieb Demmler später: „Alles war aber so herzlich schlecht, und die Lehrer setzten so oft die angesagten Vorlesungen aus, daß man in der That wenig lernen konnte, nur die Vorlesungen bei Dr. Lehmus u. später bei Ohm in Mathematik waren ausgezeichnet gut, so daß ich die Ausbildung meines Verstandes lediglich diesen Vorträgen glaube zu verdanken habe.“ Doch die Einflüsse der Berliner Bauakademie und vor allem das Schaffen Schinkels (in dieser Zeit entstanden gerade in Berlin bedeutende Schinkelbauten wie das Schauspielhaus am Gendarmenmarkt und die Neue Wache Unter den Linden) spiegelten sich in Demmlers späteren baukünstlerischen Wirken wider. Über seinen Berliner Studienaufenthalt schrieb Demmler, daß er gemeinsam mit einem mecklenburgischen „Compagnon“ ein „sehr vergnügtes Leben“ führte. In einem Brief der Quartiereltern Demmlers an den Vater nach Güstrow beschwerten sich diese denn auch, daß der junge

Karl Friedrich Schinkel (1781–1841)

Demmler zwar natürliche Anlagen und Genie zum Baufach besäße, aber daß er noch fleißiger sein könne. Trotz Ermunterung und Antreibung läge im Charakter des Jungen eine gewisse Unbiegsamkeit, die oft dazu führen würde, gerade das Gegenteil von dem zu tun, was man von ihm verlangt habe. Auch rauche er zu viel Tabak . . ."

Beitritt zur Burschenschaft

Demmler studierte in der preußischen Hauptstadt in der Zeit nach dem Wiener Kongreß von 1815, die gekennzeichnet war durch die Unterdrükkung jeglicher Einheits- und Freiheitsbestrebungen. Die Universitäten wurden überwacht, die Burschenschaften verboten, Professoren, Geistliche, Ärzte, Redakteure und Studenten waren der sogenannten „Demagogenhetze" ausgesetzt. Dennoch blieb der Gedanke für einen einheitlichen bürgerlichen Nationalstaat unter den Menschen lebendig. Auf den deutschen Universitäten wirkten Studenten in getarnten burschenschaftlichen Verbindungen weiter.
Von dieser oppositionellen studentischen Bewegung wurde auch der junge „Bau- und Kunsteleve" Demmler erfaßt. Über seinen Weg zur Burschenschaft schrieb Demmler später, daß er „ vor allen Dingen dem burschenschaftlichen Bunde angehören wollte, um in ihm und in Gemeinschaft mit den anderen für Freiheit, Wahrheit und Recht begeisterten Jünglingen mich zu kräftigen, mich in meinen Gesinnungen zu befestigen und mich für künftige Thaten vorzubereiten . . .". Um dieses Ziel zu erreichen, mußte er aber „auf einer Universität bei einer der wissenschaftlichen sog. Facultät immatrikuliert sein. . . ". So ließ er sich am 7. April des Jahres 1821 an der philosophischen Fakultät der Berliner Universität unter dem damaligen Rektorat von Prof. Lichtenstein und dem Dekanat von Prof. Hegel immatrikulieren. Dabei mußte er es sogfältig verschweigen, daß er bereits einer anderen Bildungseinrichtung angehörte, um nicht vom akademischen Bürgerrecht ausgeschlossen zu werden. Demmler trat im Alter von 16 Jahren im Sommer 1821 der an der Königlichen Preußischen Universität zu Berlin bestehenden geheimen Burschenschaftsverbindung „Arminia" bei.

Berliner Universität

Auszug aus dem Matrikelbuch der Berliner Universität. Unter Nr. 243 war Georg Adolph Demmler aus Güstrow immatrikuliert.

Die „Arminia“ gehörte neben der „Germania“, der „Borussia“ u. a. zu den illegal wirkenden Studentenverbindungen an den deutschen Universitäten dieser Jahre. Anknüpfend an die Ideen der 1815 gegründeten Allgemeinen deutschen Burschenschaft und im Sinne des Wahlspruchs „Ehre, Freiheit, Vaterland“ wurde hier das Gedankengut der Burschenschaftsverbindung lebendig gehalten und fortgeführt.
Als 1822 in Zusammenhang mit der Verfolgung der geheimen Studentenverbindungen in ganz Deutschland auch gegen die „Arminia“ vorgangen wurde und gegen 85 Studenten an der Berliner Universität Strafen verhängt wurden, gehörte der damals 17jährige „Studiosus der Philosophie“ Demmler aus Güstrow auch zu den Gemaßregelten. Er erhielt vom Universitätsrichter einen Verweis. (Die Strafen der damals verurteilten Studenten reichten vom Verweis über 8- bis 14tägigen Karzer, über das Concilium abeundi – Androhung der Relegation- bis zur tatsächlichen Relegation von 32 Studenten.)
Seine Zugehörigkeit zur Burschenschaft schätzte Demmler später mit folgenden Worten ein: „. . . denn die Grundsätze, welche ich in der damaligen burschenschaftlichen Verbrüderung kennen lernte und die ich tief in mein Herz einprägte, die idealen Ziele, denen wir nachstrebten, haben mich durch mein ganzes Leben begleitet und haben mir stets einen sicheren Halt gewährt.“

Prüfungen und Bewerbungen

Nachdem Demmler im Februar 1822 bei seinem ersten Examen an der Bauakademie im Fach Mathematik durchgefallen war, legte er im Oktober des gleichen Jahres sein Examen bei Karl Friedrich Schinkel mit Erfolg ab und erhielt im November sein Zeugnis als qualifizierter Feldvermesser. Im März 1823 belegte Demmler noch sein Abschlußkolloqium an der Berliner Bauakademie und besorgte sich auch von der Unversität Zeugnisse. Im Abgangszeugnis von der Berliner Universität vom 25. Februar 1823 ist zwar von seinem Verweis wegen seiner burschenschaftlichen Zugehörigkeit die Rede, doch ansonsten wurde ihm aber beschei-

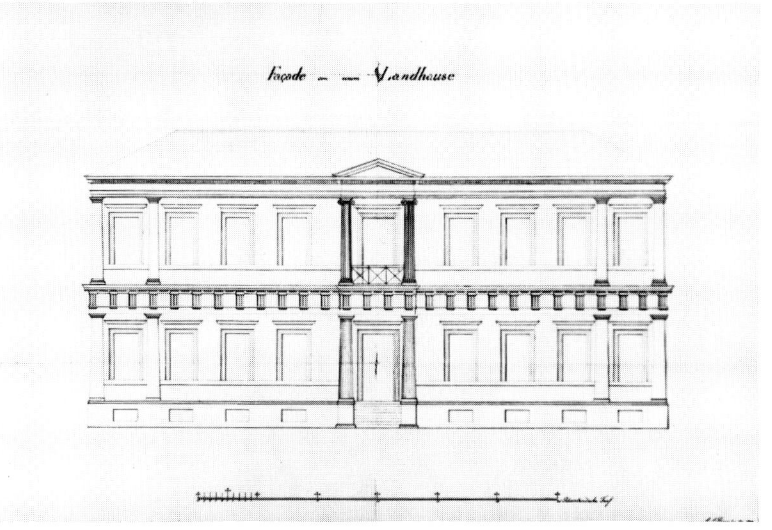

Entwürfe zu einem Landhaus und einer Brücke
Prüfungsaufgaben Demmlers vor seiner Anstellung am mecklenburgischen Hofe, 1823

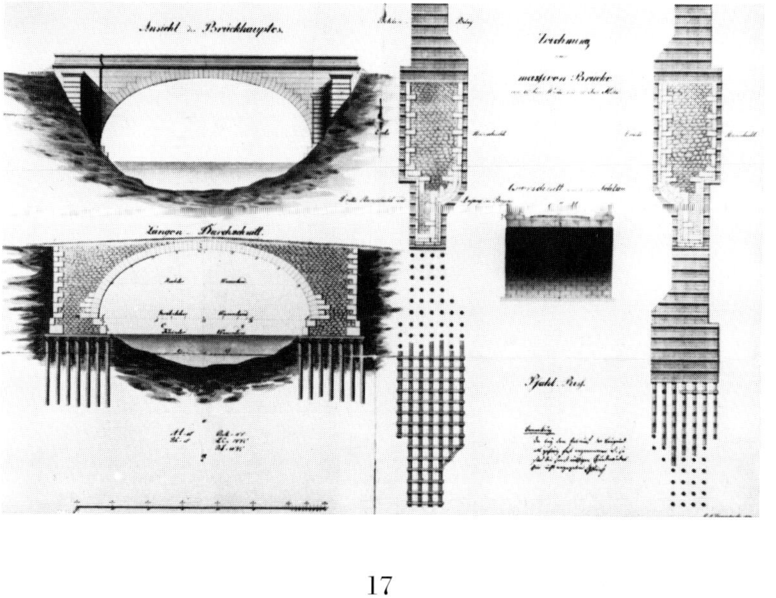

nigt, daß er sich „gesittet betragen" habe. Im Dezember 1822 hatte sich Demmler bereits bei der Königlichen Regierung in Potsdam um eine Einstellung beworben, war im Januar 1823 bereits in preußischen Diensten vereidigt worden und hatte einen Monat später die schriftliche Mitteilung erhalten, daß er als Feldvermesser im Regierungsdepartement eingestellt worden sei. Demmler nahm diese Stellung nicht an. Als Mecklenburger – und somit als sogenannter Ausländer – hätte er vor Antritt dieser Stellung sich noch der preußischen Militärdienstpflicht unterziehen müssen. Doch dies lehnte der Vater kategorisch ab. So mußte sich Demmler nach einer neuen beruflichen Anstellung umsehen. Angeregt durch den mecklenburgischen Baukondukteur Bartning, den Demmler in Berlin kennengelernt hatte, bewarb er sich im März 1823 beim mecklenburgischen Großherzog Friedrich Franz I. In seinem Bewerbungsschreiben sprach Demmler die Hoffnung aus, beruflich in seinem „Vaterlande eine Aussicht zu gewinnen", und verband seinen Wunsch mit dem Versprechen, daß er für seine „weitere Ausbildung pflichtgemäß sorgen" werde, „um dem zu entsprechen, was das Vaterland von mir fordern kann." Demmler hatte Glück, der damalige Oberlandbaumeister Carl Heinrich Wünsch brauchte einen Baugehilfen. Doch vorher hatte sich Demmler noch einer umfangreichen praktischen und theoretischen Prüfung zu unterziehen. Die Anfertigung von Entwürfen, sowie Berechnungen für ein Landhaus und eine Brücke gehörten zu den Prüfungsaufgaben. Er bestand die Prüfungen und erhielt eine Einstellung am mecklenburgischen großherzoglichen Hofe.

Schwerin als neue Heimstatt

Im Juli 1823 wurde ihm das Patent als Landbaukondukteur (etwa der heutigen Stellung eines Bauingenieurs entsprechend) ausgehändigt, und er wurde dem damaligen Oberlandbaumeister Wünsch als Gehilfe zugeteilt. Das Großherzogtum Mecklenburg-Schwerin und die Stadt Schwerin wurden für den nunmehr 19jährigen Demmler das bleibende Domizil. Schwerin mit ihren um 1823 rund 10 000 Einwohnern gehörte zu den

Der Dom zu Schwerin, Lithographie, Mitte 19. Jh.

Das alte Schloß Schwerin vor dem Umbau

größeren Städten Mecklenburgs und war Sitz der Großherzoglichen Mecklenburg-Schwerinschen Landesregierung. Der Großherzog selbst residierte bis 1837 mit seinem Hofstaat in Ludwigslust. Adel, Beamtenschaft, kleine Händler und Gewerbetreibende sowie die Angehörigen der niederen Schichten wie Handwerksgesellen, Tagelöhner und Lehrlinge bildeten die Bevölkerung Schwerins. Den Charakter einer Ackerbürgerstadt hatte Schwerin zu dieser Zeit noch nicht völlig abgelegt. Handel und Gewerbe reichten kaum über die Deckung des Bedarfes der Stadt und der näheren Umgebung hinaus. Doch bis Mitte des 19. Jahrhunderts fielen auch hier die alten teils noch mittelalterlichen Grenzen mit Stadtmauern und Toren, wurden Straßen befestigt, neue Stadtteile erschlossen und bebaut. Am Schweriner Großen Moor erhielt Demmler seine erste Wohnung, die häufig nach seinen Worten ein „Sammelplatz junger lieber Freunde" wurde, und wo man „oft in heiterster Gesellschaft und Laune den nächsten Morgen" erwartete. Die Eltern standen ihrem manchmal recht ungestümen Sohn nicht nur mit Ratschlägen und Ermahnungen hilfreich zur Seite, sondern unterstützten ihn auch finanziell. Als Georg Adolph 1825 erneut militärpflichtig wurde, sorgte der Vater für einen Stellvertreter, der gegen Bezahlung den Militärdienst für Demmler antrat. So konnte Georg Adolph im Gegensatz zu manch unbemittelten jungen Zeitgenossen „heitere, ungetrübte und sorgenfreie Jugendjahre" verleben.

Vom Baugehilfen zum Hofbaumeister

Als Baugehilfe war er zunächst der Strombauinspektion unterstellt. Zu seinen ersten Aufgaben gehörten u.a. Vermessungsarbeiten zur Vorbereitung der Schiffbarmachung der Nebel zwischen Güstrow und Bützow sowie die Leitung des ersten modernen Chausseebaues nach der Mac Adamschen Art in Mecklenburg auf dem Schweriner Spieltordamm im Jahre 1825. In kürzester Zeit gelang es dem „jungen geschickten Architekten" – wie ihn Zeitgenossen sahen – auf sich aufmerksam zu machen. Er gewann einflußreiche Freunde in Regierungs- und Hofkreisen. Zu seinen Gönnern gehörte sein unmittelbarer Vorgesetzter, der Oberlandbaumei-

Das Kollegiengebäude in der Schloßstraße
(1825–1834 errichtet)

Das Schauspielhaus am Alten Garten
(1832–1836 erbaut, 1882 abgebrannt)

ster Wünsch, der den jungen ehrgeizigen Demmler von Anfang an förderte und ihm auch später den Weg seiner beruflichen Weiterentwicklung ebnete. Protegiert wurde Demmler auch durch den damaligen Kabinettsrat Prosch und den Kammerrat von Flotow, Männer mit großem Einfluß am mecklenburgischen Hofe.
Als dann im Jahre 1824 Wünsch den Auftrag für die Errichtung eines neuen Regierungsgebäudes in Schwerin erhielt, übertrug er diesen an seinen Baugehilfen Demmler, der zuvor über Wünsch einen im klassizistischen Stil und in Anlehnung an die Berliner Schinkelbauten entworfenen Bauriß für die Fassadengestaltung eingereicht hatte, der am Hofe Anklang fand. Erst 19jährig erhielt Demmler im Jahre 1825 die Leitung dieses großherzoglichen Baues übertragen. Damit begann seine kometenhafte berufliche Karriere in Mecklenburg. Der Erbgroßherzog Paul Friedrich, der beim Bau des Regierungsgebäudes auf den jungen Architekten aufmerksam geworden war und in ihm jenen Mann sah, der seine Vorstellungen zur Errichtung von repräsentativen Bauten in Schwerin verwirklichen sollte, protegierte ihn. Während Demmler noch den Regierungsbau leitete, übertrug ihm der Großherzog – durch die Vermittlung von Paul Friedrich angeregt – den Auftrag für den Bau eines neuen Schauspielhauses in Schwerin. Nach einer Reise zur Besichtigung der Theater in Berlin und anderen deutschen Städten entwarf Demmler in Anlehnung an die Berliner Theaterbauten einen Bauriß im klassizistischen Stil für das neue Schauspielhaus am Alten Garten in Schwerin. Weitere private und städtische Aufträge, wie der Entwurf für ein Schauspielhaus in seiner Vaterstadt Güstrow im Jahre 1827 förderten seinen Ruf als Architekten und Baumeister. Bereits zwei Jahre zuvor hatte er nach Plänen Schinkels und in dessen Auftrag den Turmbau der Dobbertiner Klosterkirche übernommen. Diese Aufgabe beschäftigte ihn u.a. bis zum Jahre 1851. Dank seines Arbeitseifers, ungeheuren Tatendranges, Fleißes und großen Organisationstalentes und seines sehr selbstbewußten Auftretens, seines fachlichen Könnens (er war vor allem ein großartiger Techniker) und schließlich auch dank der besonderen Begünstigung durch den Erbgroßherzog Paul Friedrich, gelang es Demmler, sich für die damaligen mecklenburgischen Verhältnisse ungewöhnlich schnell beruflich emporzuarbeiten. 1832 erhielt

Dobbertiner Klosterkirche.
Nach Plänen und im Auftrag Schinkels übernahm Demmler den Turmbau und die Umbauung der Kirche (1828–1851)

er den Titel eines Baumeisters zuerkannt, 1835 wurde ihm der Schweriner Landbaudistrikt mit den zwölf Domanialämtern Schwerin, Rehna, Gadebusch, Crivitz, Wittenburg, Walsmühlen, Boizenburg, Bakendorf, Hagenow, Toddin, Zarrentin und Lübtheen übertragen. Im Juli des gleichen Jahres erfolgte seine Ernennung zum Landbaumeister. 1837 mit dem Regierungsantritt Paul Friedrichs sollte er dessen Hofbaumeister werden.

Im Widerstreit mit der Ständeherrschaft

Als Demmler Anfang der 20er Jahre in Schwerin begann, sich seine berufliche Existenz aufzubauen, bestanden in Mecklenburg im Verhältnis zu anderen deutschen Ländern noch extrem rückständige gesellschaftliche Verhältnisse, die gekennzeichnet waren durch eine Anhäufung spätfeudaler Zustände. Mecklenburg- Schwerin war in politischer Hinsicht noch ein aus dem Mittelalter konservierter Patrimonialstaat – ein Dreiständestaat. Alle Macht war an das Grundeigentum geknüpft, und entsprechend der im Lande bestehenden drei Grundeigentümer regierten diese hier mehr oder weniger selbstherrlich – der Großherzog auf seinem Besitzeigentum, dem Domanium, die Gutsbesitzer auf dem Gebiet der sogenannten Ritterschaft und die Magistrate mit den Bürgermeistern in den Städten. Eine einheitliche Gesetzgebung gab es nicht. Grundlage dieses politischen Ständestaates bildete die altlandständische Verfassung, der Landesgrundgesetzliche Erbvergleich aus dem Jahre 1755, in dem vor allem die über Jahrhunderte sich herausgebildeten Sonderrechte und Privilegien der mecklenburgischen Ritterschaft gesetzlich verankert waren. Auch der allherbstlich abwechselnd in Malchin und Sternberg tagende Mecklenburgische Landtag war Organ der herrschenden und besitzenden Schichten. Die übrige mecklenburgische Bevölkerung war lediglich Untertan oder „Hintersasse“ der jeweiligen „Ortsobrigkeit“und besaß wenige oder keinerlei Mitspracherechte. Die eigentliche ungekrönte Macht im Lande war die mecklenburgische Ritterschaft. Durch das sogenannte Bauernlegen hatte sich die mecklenburgische Ritterschaft auf Kosten der Bauern riesige Ländereien geschaffen. Nicht selten extreme soziale Zustände kennzeichneten die Verhältnisse auf dem platten Lande. 1821 war zwar auch in Mecklenburg die Leibeigenschaft abgeschafft worden, doch für große Teile der ländlichen, nunmehr erwerbslosen, Bevölkerung blieb nur das Landarbeitshaus in Güstrow, der Armenkaten oder das Exil. Mecklenburg besaß im 19. Jahrhundert die größte Auswanderungsquote aller deutschen Länder. Allein von 1834 bis 1849 emigrierten 27503 Menschen nach Brasilien, Australien und Amerika. Die hier im Lande nur wenig entwikkelte Industrie bot den Landarbeitern kaum Beschäftigungsmöglichkeiten. Die rückständige Heimat- und Niederlassungsgesetzgebung verhinderte eine freie Ansiedelung. Die fast noch mittelalterliche Steuer- und Zollgesetzgebung sowie die fehlende Gewerbe- und Handelsfreiheit behinderte eine freie wirtschaftliche Entwicklung im Lande. Die mecklenburgischen Städte waren in der ersten Hälfte des 19. Jahrhunderts noch klein und trugen meist noch den Charakter spätfeudaler Ackerbürgerstädte. Haupterwerbszweig war also auch hier vielfach noch die Landwirtschaft. Da auf dem Lande nur bestimmte Handwerkszeige zugelassen waren, konzentrierten sich in den Städten die kleingewerbliche Produktion. War in Preußen schon 1810 die Gewerbefreiheit verkündet worden, so blühte in Mecklenburg zu Zeiten Demmlers das alte Zunft- und Innungswesen. Außer dem Ackerbau und der Schiffahrt waren alle anderen Bereiche des städtischen Handwerks und Gewerbes einem strengen Zunftregime unterstellt, das den Handwerkern wenig Spielraum für eine freie Entfaltung ließ. Fremde besaßen kaum Möglichkeiten, in einer Zunft aufgenommen zu werden. Die materielle Lage der meisten Handwerksmeister war nicht zufriedenstellend. Einige Handwerkszweige, wie die der Schneider, Schuster und Tischler, waren völlig überfüllt. Viele Meister – vor allem im Baugewerbe – waren gezwungen als Lohnarbeiter auf dem Bau zu arbeiten. Die Gesellen waren von ihren Meistern abhängig und erhielten für einen langen Arbeitstag nur wenig Lohn.

Der junge Bürgersohn Demmler, der in Berlin während seines Studiums durch seine Teilnahme an der Burschenschaftsbewegung mit freiheitlichem Gedankengut in Berührung gekommen war, der offensichtlich eine freigeistige und demokratisch orientierte Erziehung genossen hatte, der selbst einen ausgeprägten Gerechtigkeitssinn besaß, wurde in seiner beruflichen

Tätigkeit mit diesen sozialen und politischen Gegensätzen im Lande konfrontiert. Er sah als Leiter der großen Bauunternehmen die sozialen Verhältnisse und Widersprüche und die Not vieler Tagelöhner und Gesellen des Baugewerbes. So versuchte er, von Anfang an seines Wirkens in Schwerin, den unbemittelten und sozial schwächeren Menschen zu helfen.

Für Baugewerksschulen in Mecklenburg

Schon nach einem Jahr seiner Tätigkeit als Baukondukteur im großherzoglichen Dienst trat er mit Vorschlägen zur Verbesserung des Bildungsstandes von Handwerksgesellen und Lehrlingen an die Öffentlichkeit. Im Schweriner „Freimüthigen Abendblatt" vom Juli 1824 veröffentlichte er einen Artikel, in dem er sich für die Einrichtung von Baugewerksschulen in Mecklenburg und besonders in Schwerin einsetzte. Unter dem Titel „Ueber den Nutzen und die Errichtung von Baugewerksschulen, mit besonderer Rücksicht auf Schwerin" unterbreitete er detaillierte Vorschläge über die Bedeutung von solchen Schulen für die Förderung des Bauhandwerkes, über den Kreis der Schüler, über das Ausbildungsziel und die -themen und forderte u.a. die unentgeltliche Ausbildung für junge unbemittelte Handwerker. Demmler wollte sich tatkräftig für die Organisation einer solchen Schule einsetzen und rief in diesem Artikel „mehrere Patrioten zur thätigen uneigennützigen Mitwirkung und zur Ertheilung von Unterricht" und „zum gemeinschaftlichen Wirken" für die Gründung dieser Schule auf. Demmler stand mit diesen Forderungen zwar auf der Höhe seiner Zeit – denn überall in Deutschland wurden mit der weiteren Entwicklung von Handwerk und Gewerbe Baugewerksschulen und Gewerbeschulen gebildet – doch in Mecklenburg fielen seine Vorschläge zu dieser Zeit noch auf unfruchtbaren Boden. Als dann im Jahre 1830 in Schwerin durch die Freimaurerloge, der auch Demmler inzwischen beigetreten war, eine „Sonntagsschule für Handwerkslehrlinge" eingerichtet wurde, gehörte er zu den eifrigsten Förderern dieser Bildungseinrichtung. Neben Lehrern des Gymnasiums, Malern wie Lenthe und Fischer, Baukondukteuren wie Hermes, Tischlermeistern wie Severin und Kania unterrichtete auch Demmler an dieser Schule unentgeltlich. Er hatte die Fächer Rissezeichnen und Geometrie übernommen. Zu seinen Schülern gehörte u.a. auch der spätere bekannte Hofmaler Theodor Schloepke.

Soziale Reformen für Bauarbeiter

Erstmalig im Baugewerbe in Mecklenburg entwickelte Demmler schon sehr früh ein Bau- und Lohnausführungssystem, durch das er die Meister und Unternehmer ausschaltete. Nach den Zunftbestimmungen durften die Gesellen ohne Bewilligung ihrer Meister weder eigene Arbeit annehmen, noch diese in Akkord ausführen. Der Bauleiter Demmler überging diese Zunftbestimmungen und übertrug die Arbeiten direkt den Arbeitern und Gesellen. Bei Akkordarbeit übergab er die Aufträge an Gruppen von etwa sechs bis acht Arbeitern und nicht an die Meister. Der bei Akkord entstehende Überverdienst, der sonst den Meistern zugute gekommen war, wurde den Arbeitern und Gesellen direkt auf die Baukasse zur Zahlung und Selbsterhebung angewiesen. Nach ihren eigenen Berechnungen teilten die Arbeiter diesen Überschuß unter sich auf. Außerdem übertrug Demmler die Maurer- und Zimmererarbeiten, Vergoldungsarbeiten sowie Arbeiten der Bildhauerei, der Kunstziegelei nicht nach Akkordpreisen an Bauunternehmer oder Meister, sondern ließ diese Arbeiten unter Beteiligung aller in Schwerin ansässigen Meister des jeweiligen Gewerkes auf Rechnung ausführen. Die Meister hatten lediglich die von Demmler angeforderte Anzahl von Gesellen und Lehrburschen zu stellen, erhielten selbst aber keine Aufsicht über sie. Ebenso hatten sie keine Kenntnis von den Bauplänen und Bauaufträgen. Lediglich ein aus ihrer Mitte erwählter sogenannter Werkmeister beaufsichtigte die Gesellen und Lehrburschen und war einem Baukondukteur unterstellt. Jede Woche erhielten dann die Meister einen sogenannten Postenzettel, auf dem jeder Geselle und Lehrbursche namentlich mit der Zahl seiner Arbeitstage aufgeführt war. Auf der Grundlage dieser Angaben hatten dann die Meister ihre Gesellen zu entlohnen. Alle vier Wochen mußten sie ihre Rechnungen über die Lohnauszahlungen und über das ihnen pro Geselle zustehende Meistergeld bei der Spezialbaukasse zwecks Ausgleichung einreichen. Demmler selbst schätzte später ein, daß durch seine Methoden „die Möglichkeit gegeben (war), daß jeder einzelne Arbeiter nach seinem Fleiß, seiner Gewandtheit und Geschicklichkeit von mir, dem leitenden Bauoffizianten, besonders remunerirt, und nicht von einem Unternehmer in seinem privaten Geldinteresse ausgebeutet werden konnte." Diese Art der Bauausführung und Entlohnung brachte Demmler bereits beim Bau des Regierungsgebäudes (1825–1834), des Schauspielhauses (1832–1836) und später bei seinen weiteren Bauten in Anwendung.

In der Schweriner Freimaurerloge

Wesentliche Anregungen für sein soziales Denken und Wirken wird Demmler durch seine Mitgliedschaft in der Freimaurerloge erhalten haben. 1826 war er der Schweriner St. Johannis Freimaurerloge „Harpocrates zur Morgenröthe" beigetreten. Sie hatte ihren Sitz am Schlachtermarkt 17. (Die Fassade für das Gebäude der Freimaurerloge hat auch Demmler entworfen.) Die Freimaurerlogen in Schwerin, zu der auch die Johannisloge zählte, trugen in der Stadt wesentlich zur Hebung des Gemeinwohls bei. Im sozialen Bereich finanzierte die Johannisloge u.a. den Ausbau des Armenkrankenhauses und weiterer kommunaler Einrichtungen. Die Johannis-Feste wurden in Schwerin- Friedrichsthal und ab den 70er Jahren im Logengebäude am Schlachtermarkt 17 gefeiert. Das „Mecklenburgische Logenblatt" war das Organ der Freimaurer Schwerins bzw. Mecklenburgs. Demmler war eifriges Mitglied der Freimaurerloge, hatte auch Beziehungen zur Großloge in Berlin. Im September 1876 konnte er sein 50-jähriges Jubiläum mit der Fest- und Tafelloge feiern.

An der Seite der bürgerlichen Oppositionellen

Demmler war nicht nur unermüdlich auf sozialem Gebiet tätig, sondern engagierte sich von Anbeginn seines Wirkens und Lebens in Schwerin

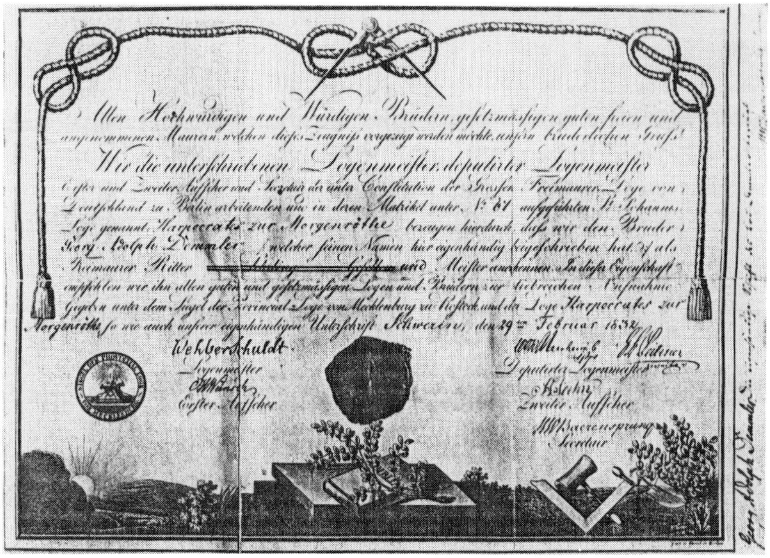
Allen Hochwürdigen und Würdigen Brüdern, gesetzmässigen guten freien und angenommenen Maurern, welchen dieses Zeugniß vorgezeigt werden möchte, unsern brüderlichen Gruß!
Wir die unterschriebenen Logenmeister, deputirter Logenmeister
Erster und Zweiter Aufseher und Secretair der unter Constitution der Grossen Freimaurer Loge von Deutschland zu Berlin arbeitenden und in deren Matrikel unter No 61 aufgeführten St. Johannes Loge genannt Harpocrates zur Morgenröthe bezeugen hierdurch, daß wir den Bruder Georg Adolph Demmler welcher seinen Namen hier eigenhändig beygeschrieben hat, als Freimaurer Ritter Lehrling Gesellen und Meister anerkennen. In dieser Eigenschaft empfehlen wir ihn allen guten und gesetzmässigen Logen und Brüdern zur liebreichen Aufnahme.
Gegeben unter dem Siegel der Provincial Loge von Mecklenburg zu Rostock und der Loge Harpocrates zur Morgenröthe so wie auch unserer eigenhändigen Unterschrift Schwerin, den 29ten Februar 1832
Logenmeister
Erster Aufseher
Deputirter Logenmeister
Zweiter Aufseher
Secretair

Freimaurerbrief G. A. Demmlers, 1832

politisch. Dabei ging es ihm um die Durchsetzung fortschrittlicher Verhältnisse in seinem Heimatland. So organisierte er in den Jahren 1826/28 sogenannte „Freudenfeuer“ zum Gedenken an die Leipziger Völkerschlacht. Diese fanden immer am 18. Oktober eines jeden Jahres statt. Demmler schrieb über diese Zusammenkünfte: „ Es ward dann ein Mittagsmahl in Ostorf eingenommen, Abends 8 Uhr von dort mit Musik u. Fackeln zum Holzstoß marschiert und derselbe angezündet, wonächst es dann zur Stadt ging, dort auf dem Markte die Fackeln auf einen Haufen geworfen u. verbrannt wurden . . . “. Damit wurde an die Kämpfe des deutschen Volkes gegen die napoleonische Fremdherrschaft erinnert und der Gedanke eines einheitlichen gesamtdeutschen Vaterlands wach gehalten. Demmler fand auch in den Jahren des sogenannten Vormärz den Anschluß an die bürgerliche oppositionelle Bewegung in Mecklenburg. Er besaß enge Kontakte zu einigen bürgerlichen Gutsbesitzern in Mecklenburg, insbesondere zu dem Kreis um Schnelle auf Buchholz und Wien auf Hohenfelde. Dieser Kreis liberaler Männer Mecklenburgs, zu dem auch die Gebrüder Pogge auf Zierstorf, Johann Pogge auf Roggow und Stever auf Wustrow gehörten, spielte innerhalb der sich in den 30er und 40er Jahren formierenden bürgerlichen Oppositionsbewegung gegen die Adelsvorherrschaft und für die Schaffung demokratischer Verhältnisse im Lande eine führende Rolle. Nach den spontanen Unruhen und Aufständen im Gefolge der Französischen Julirevolution 1830 war es auch in Mecklenburg in den 30er Jahren zur einer Verschärfung sozialer und politischer Widersprüche gekommen. In den Städten nahmen die Proteste von Handwerksgesellen und Tagelöhnern gegen Unterdrückung und soziales Elend zu. Aus den Reihen des städtischen Kleinbürgertums mehrten sich die Beschwerden über die Selbsherrlichkeit der Magistrate und die Forderungen nach ökonomischen Freiheiten und größeren kommunalen Mitspracherechten. Auf dem Lande häuften sich die Unruhen von Tagelöhnern und Gutsarbeitern gegen junkerliche Willkürherrschaft. Angesichts dieser Verschärfung gesamtgesellschaftlicher Zustände, insbesondere auf dem Lande, fanden sich patriotisch, liberal und demokratisch gesinnte Männer des Landes zusammen und suchten nach Auswegmöglichkeiten. Offener Austragungsort dieser kritischen und sich verschärften Situation im

Lande wurde der Mecklenburgische Landtag. Die bürgerlichen Gutsbesitzer, die vor 1838 fast alle den Landtag nicht besucht hatten, deren Zahl aber von Jahr zu Jahr gewachsen war, nutzten jetzt diese Tribüne zur Durchsetzung ihrer wie auch gesamtgesellschaftlicher fortschrittlicher Interessen. Sie brachten verstärkt Anträge in den Landtag ein, die auf Reformen der bestehenden politischen und sozialökonomischen Verhältnisse in Mecklenburg und insbesondere auch auf die Verbesserung der Arbeits- und Lebensverhältnisse der untersten Volksschichten ausgerichtet war. Dazu gehörten u.a. Anträge auf Verbesserung des Volksschulwesens, Revision der Heimat- und Niederlassungsgesetzgebung, Förderung der Stadtverfassungen, die Aufhebung der Patrimonialgerichtsbarkeit (niedere Gerichtsbarkeit), die Verbesserung des Verkehrswesens, Reform der Handels- und Schiffahrtsverhältnisse, die Aufhebung der Zensur. Insbesondere wandten sie sich gegen das bereits seit Jahrhunderten praktizierte Bauernlegen und die damit verbundene Verarmung der Bauernschaft, forderten eine Neuregelung der Boden- und Eigentumsverhältnisse auf dem Lande. Damit wurden breite Kreise der Bevölkerung des Landes angesprochen.

Demmler schrieb über die Auswirkungen dieser politischen Bewegung: „Ein neuer, weit über die Sonderinteressen hinausgehender Geist belebte fortan die Verhandlungen des Landtages, belebte Mecklenburgs Volk zu politischer Regsamkeit.“ Die bürgerlichen Gutsbesitzer hatten wiederum politische Kontakte zum Kleinbürgertum und zu Vertretern der bürgerlichen Intelligenz in den Städten Mecklenburgs. Die Güter der bürgerlichen Gutsbesitzer wie die von Schnelle, Wien, Stever, der Gebrüder Pogge, der Pächter Rudolf Müller auf Holdorf und Karl Müller auf Bolz wurden zu Zentren politischer Zusammenkünfte fortschrittlicher Kräfte in Mecklenburg. Auf diesen Gütern verkehrten u.a. John Brinckman, der Boizenburger Rektor Ludwig Reinhard, der Advokat Wilhelm Raabe, Fritz Reuter und auch der aus Berlin ausgewiesene Hoffmann von Fallersleben. Enge Beziehungen bestanden zu dem Kreis der Rostocker Liberalen um die Gebrüder Julius und Moritz Wiggers, Professoren Türk und Wilbrandt und zu den Wismaraner bürgerlichen Kräften um Haupt, Deiters, Sievers und Crain sowie zu den Schwerinern um den Kreis des Postrevisors Wöhler, des Senators Pohle, David Assur, Christian Dehn. Demmlers spätere enge Freundschaft zu Fritz Reuter und Ludwig Reinhard wurde in diesen Jahren geknüpft.

Verlobung, Heirat und Ehe

Im persönlichen Leben fiel Demmler durch eine exzentrische Lebensweise auf. Er besaß offensichtlich eine für damalige Schweriner Verhältnisse ungewöhnliche freie und großzügige Lebensart. Finanziell war er dazu aber auch in der Lage. So trat er im beruflichen, gesellschaftlichen wie auch im persönlichen Leben freier und selbstbewußter auf. Schon seit 1823 gehörte zu seinen Gewohnheiten der tägliche Besuch des Kasinos und das mittägliche und abendliche Speisen an der Table d'hote des vornehmen Minet'schen Gasthofes (später Hôtel du Paris) mit den Honoratioren der Stadt. Bei dieser Gelegenheit fand er, wie er einschätzte, „stets eine anregende und belehrende Unterhaltung“ und „blieb auch immer von den politischen Weltereignissen, wie von den Schweriner Tagesbegebenheiten unterrichtet.“

Zu seinen Eltern in Güstrow besaß er einen guten Kontakt. Bei seinen dienstlichen Reisen machte er nicht selten einen Abstecher nach Güstrow oder nahm auch seinen Vater hier und da auf seinen beruflichen Inspektionen mit. Im Jahre 1832 verstarben im gleichen Jahr seine Eltern. Im Januar starb seine Mutter im 68. Lebensjahr an Lungenentzündung und im September wurde der Vater Opfer der damals in Güstrow wütenden Cholera. Demmler erbte vom Vater in Güstrow und auf der Güstrower Feldmark gelegene Grundstücke, Gärten, Äcker und Wiesen, das gesamte Mobiliar im Werte von 8 950 Talern und insgesamt einen Erbteil von ca. 17 500 Talern. Durch diese Erbschaft wurde Demmler ein vermögender Mann. Sie bildete auch die Grundlage für seine, wie er später schrieb, „glänzende(n) soziale(n) und glückliche(n) Lebenstellung.“

Im gleichen Jahr unternahm er eine längere Kunstreise in eine Reihe deutscher Städte (Für sein ursprüngliches Vorhaben einer Kunst- und Studienreise nach Frankreich und Italien gewährte ihm der Großherzog nicht

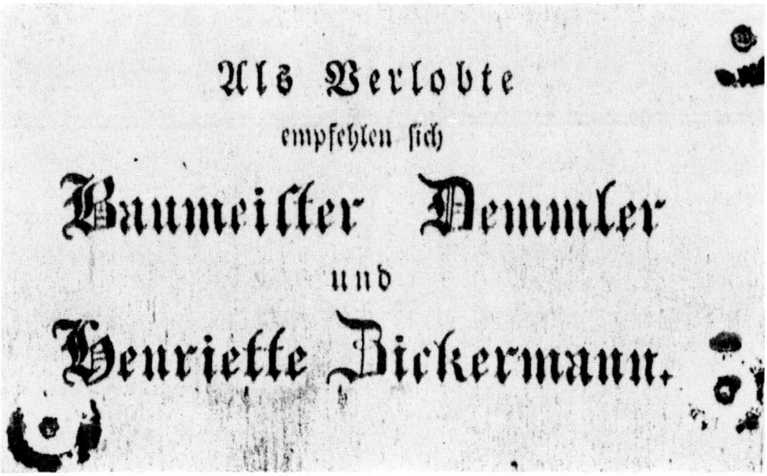
Als Verlobte
empfehlen sich
Baumeister Demmler
und
Henriette Zickermann.

*Kopie der öffentlichen Verlobungsanzeige
Georg Adolph Demmlers
mit Henriette Zickermann.*

*Altstädtischer Markt Schwerin,
Mitte 19. Jahrhundert*

den erbetenen längeren Urlaub.) Im Winter 1832 bis zum Frühjahr 1833 bereiste er mehrere deutsche Städte wie Stuttgart, Karlsruhe, Heidelberg, Mainz, Frankfurt am Main, Berlin und München. Über Dresden und Prag gelangte er bis in die österreichische Metropole Wien. Er besichtigte auf dieser Reise Bau- und Kunstwerke, wie Schlösser Kirchen und insbesondere im Zusammenhang mit dem geplanten Bau des Schweriner Schauspielhauses Theaterbauten.

Nach seiner Rückkehr nach Schwerin verlobte er sich Ende März 1833 mit der Tochter des Kriegsrates Zickermann. Demmler, der inzwischen vom Großen Moor in die Schloßstraße Haus Nr. 7 und später direkt ins Kollegiengebäude in den rechten Flügel Parterre gezogen war, hatte von hier aus seine Henriette kennengelernt. Demmler selbst ging vor seiner Verlobung im Hause Zickermann nicht ein und aus, sondern mußte sich vielmehr damit begnügen im Sommer sich mit ihr vor ihrem Hause und im Winter auf dem Casino oder in Gesellschaften zu unterhalten, um sie so näher kennenzulernen. Henriette stammte aus einem wohlbegüterten Hause. Noch im gleichen Jahr heiratete Demmler sie, über die er in seinen Lebenserinnerungen stets mit viel Liebe und Hochachtung sprach. Wenn seine Ehe auch kinderlos blieb (seine Frau hatte zweimal eine Frühgeburt), so war dadurch nach Worten Demmlers „unser eheliches Glück und unsere Zufriedenheit in keiner Weise beeinträchtigt worden".

Demmlers ausgeprägter Unabhängigkeitssinn zeigte sich auch im Zusammenleben mit seiner Frau. Noch bevor sie beide in den Ehestand traten, vereinbarte er mit ihr, daß er an seiner Gewohnheit festhalten und mehrmals in der Woche im Gasthof speisen werde. Dazu Demmler selbst: „ Eine solche Anregung war mir u. mußte mir . . . ein großes Bedürfniß bleiben, als ich theils durch den Schauspielhausbau, theils durch viele anderweitige amtliche Aufträge so über aus beschäftigt war, daß ich es mir – wollte ich diesen damit verbundenen Pflichten gewissenhaft obliegen – nicht gestatten konnte, anderweithige Zerstreuungslocale besuchen zu können, was ich auch nicht that.- War nun auch meine Braut ein sehr kluges, geistreiches Mädchen, der es niemals an Reichhaltigkeit u.a. an der wahren Würze unserer gegenseitigen Unterhaltung fehlen konnte, so fürchtete ich doch, daß wenn ich nach unserer Verheirathung mit der Außenwelt in gar

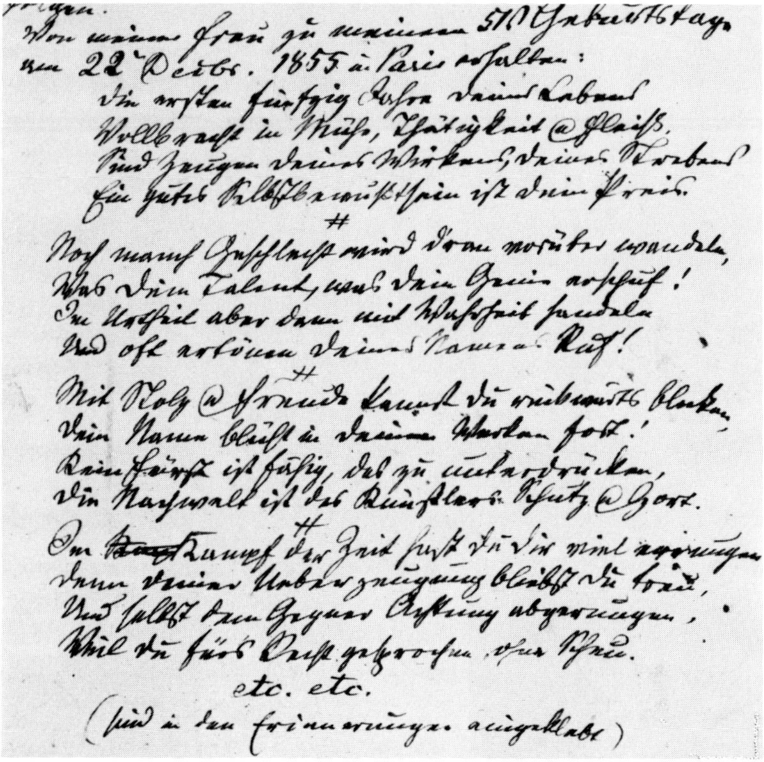

…olgen:
Von meiner Frau zu meinem 51t Geburtstag
am 22t Decbr. 1855 in Paris erhalten:
Die ersten fünfzig Jahre deines Lebens
Vollbracht in Mühe, Thätigkeit & Fleiß.
Und Zeugen deines Wirkens, deines Strebens
Ein gutes Selbstbewußtsein ist dein Preis.
#
Noch manch Geschlecht wird dann vorüber wandeln,
Was dein Talent, was dein Genie erschuf!
Im Urtheil aber dann mit Wahrheit handeln
Und oft ertönen deines Namens Ruf!
#
Mit Stolz & Freude kannst du rückwärts blicken
Dein Namen bleibt in deinen Werken fort!
Kein Fürst ist fähig, das zu unterdrücken,
Die Nachwelt ist des Künstlers Schutz & Hort.
#
Im ~~[illegible]~~ Kampf der Zeit hast du dir viel errungen
denn deiner Ueberzeugung bleibst du treu,
Und selbst den Gegner Achtung abgerungen,
Weil du fürs Recht gesprochen ohne Scheu.
etc. etc.
(sind in den Erinnerungen eingeklebt)

Gedicht Henriette Demmlers anläßlich des 51. Geburtstages von Demmler, am 22. Dezember 1855 in Paris überreicht.

keiner Weise nähere Beziehungen mehr treten möchte, mein Verkehr wesentlich nur auf die bei den Bauten beschäftigten Handwerker u. anderen Bauarbeitern, die der Zeit bei weitem nicht so gebildet, wie heute (70er Jahre des 19.Jh.) waren, beschränkt bleiben, ich in der allgemeinen nur noch fehlenden Ausbildung dadurch nicht allein zurückgehen müsse, sondern, daß als dann unsere ehelich geistige Unterhaltung sich mit der Zeit verflachen könne, wie unser aus der Außenwelt entnommener Stoff für unsere Unterhaltung uns oft fehlen würde. Ich erwog weiter, daß nach meiner innigsten Ueberzeugung gerade das geistige Leben zwischen Ehegatten eine sich gegenseitig anregende Unterhaltung als ein von den wichtigsten erfolgreichsten Grundsteinen zu einer beiderseitigen glücklichen Ehe sein müsse. Von diesen und anderen Erwägungen machte ich meiner geliebten Braut den Vorschlag u. fragte sie um ihre Meinung, wie sie darüber denke, wenn ich nach unserer Verheirathung sofort noch ferner 4 Tage in der Woche, nämlich Montag, Dienstag, Freitag u. Sonnabend am Table de' hote, dagegen Sonntag, Mittwoch u. Donnerstags mit ihr speisen würde (. . .). So ging ich schon Tags nach unserer Trauung nach wie vor in den Minetschen Gasthof (. . .), wo ich bisher gespeist hatte. Es war natürlich, daß ein so selten Ereigniß, eigentlich wohl ein Unicum, fast in allen Kreisen Schwerins derzeit lebhaft u. in allen Tonarten besprochen ward, jedoch fehlte es auch nicht an verständigen Leuten . . . ".

Demmler und seine Frau boten so manchen Stoff zu Tee- und Klatschgeschichten in Schweriner Kreisen. Auch durch seinen kometenhaften beruflichen Aufstieg und seine persönlichen Beziehungen zum Erb- und späteren regierenden Großherzog war Demmler bei seinen Zeitgenossen oft im Gespräch. Er war bereits in den Ruf gekommen, daß er stets das Gegenteil von dem tat, was seine Zeitgenossen taten.

Lieblingsarchitekt Paul Friedrichs

Mit dem Regierungsantritt Paul Friedrichs im Jahre 1837 begann Demmlers Karriere zum großherzoglichen Hofbeamten. Sein fürstlicher Gönner

Großherzog Paul Friedrich (1800–1842)

und Freund ernannte ihn zu seinem Hofbaumeister mit einem Jahresgehalt von rund 1000 Talern. Demmler, der als Bau- und Landbaumeister zuvor eine relativ unabhängige berufliche Stellung hatte, sah schon vor Antritt seiner Stellung Probleme voraus. In einem Gespräch mit Paul Friedrich äußerte Demmler, daß er kein Hofmann sei, sich nicht gerne unterordnen würde, sondern lieber seinen geraden Weg ginge, ohne dabei Rücksicht auf Oberhofmarschälle, Oberstallmeister, Intendanten und Generalintendanten nehmen zu müssen. (Als Hofbaumeister war er dem großherzoglichen Hofmarschallamt und als Architekt des Großherzogs u.a. dem Militärkollegium, dem Marstallamt, der Direktion der Doberaner Badeanstalten und dem Haupt-und Landesgestüt Redefin und in Finanzfragen dem Großherzoglichen Finanziministerium unterstellt.) Es wurden ihm sämtliche großherzogliche Hofmarschall-, Militär- und Regierungsbauten sowie die Bade- und Villenbauten in Doberan und Heiligendamm übertragen.
Damit hatte er – Sohn eines Schornsteinfegermeisters – eine hohe berufliche Position erreicht. In nur 14 Jahren war aus dem Baugehilfen der Hofbaumeister geworden. Vier Jahre später – 1841 – erhielt Demmler auch noch den Titel eines Hofbaurates zuerkannt.

Der unbequeme Hofbaumeister

Als Hofbaurat nahm Demmler die 8. Stelle der „Fürstlichen Mecklenburgischen Rangordnung" vom Juli 1704 ein, die auch zu dieser Zeit noch das gesellschaftliche Leben am großherzoglichen Hofe von Mecklenburg-Schwerin bestimmte und nach der alles schön nach Rang und Würden zu gehen hatte. Demmler, der gegenüber dem höfischen Getue und den Standesdünkeln des Adels eine Abneigung hatte, mußte – nicht zuletzt auch durch seine demokratische Grundhaltung – in Widerspruch zu den Verhältnissen am Hofe geraten.
Einer seiner Freunde, der Dichter, Bibliothekar und zeitweise Privatlehrer der Kinder des Großherzogs, Friedrich Wilhelm Rogge, schätzte Demmlers Haltung gegenüber großherzoglichen Beamten mit folgenden Worten

ein : „Viele adlige Beamte des Hofes haben großherzogliche Wohnungen inne; sie wünschten oft Veränderungen und Verschönerungen, und Demmler bewilligte nur das Nothwendige. Ein Anderer würde in seiner Stellung ihnen statt einer Goldleiste, deren zwei bewilligt haben und so für sie ein lieber Mann geworden sein . . .“. Doch statt dessen hat Demmler in der Folgezeit seine hohe berufliche Position und seine Kompetenz genutzt, um mit sozialen Reformen sich für die weniger Bemittelten – für die bei den Bauten tätigen Handwerksgesellen und Tagelöhner – einzusetzen. Demmler überging nicht selten den langwierigen Instanzenweg und verhandelte in baulichen Fragen direkt mit dem Großherzog. Dies mußte den Unwillen der Hofmarschallbeamten hervorrufen. Erbost auch darüber, daß ein Bürgerlicher so eine berufliche Karriere gemacht hatte, und so einen großen Einfluß beim Großherzog besaß, trug dazu bei, daß einige Beamte Demmlers beruflichen amtlichen Geschäfte erschwerten. Oft mußte er sich mit bürokratischen Nichtigkeiten und mit gegen ihn gerichteten Angriffen auseinandersetzen. Rückblickend schrieb er über seine Beamtenlaufbahn: „So reichhaltig sich diese auch gestaltet hatte und so hohe Befriedigung sie meiner Thätigkeit u. meinem künstlerischen Eifer und Strebsamkeit gewährte, so hatte ich doch auch vielfache Angriffe der höheren Behörden zu erdulden respective denselben die Spitze zu bieten, was nicht ohne Aerger und manche unnöthige schriftliche Arbeiten abging, denn die höheren Behörden bestanden vorwiegend aus sehr eingefleischten Bureaucraten, welche die Form höher wie die Sache stellten und daher mein künstlerisches Wirken gleichfalls in die schablonenartige Zwangsjacke eingereiht wissen wollten.“
Ein guter Freund Demmlers, Bruno Mertelmeyer, schätzte ein: „Sein Talent besaß kein Anderer und an seiner Arbeitskraft (was er, der Eine geschaffen und verwaltet, das nur weiter zu administrieren sind heute (1881), nicht weniger als drei hohe Beamte angestellt) reichte ebenso wenig ein Anderer heran; aber um so mehr – das ist ja die alte Geschichte – wurde er auf Umwegen angefeindet.“ Solange Demmler in der Gunst seines fürstlichen Auftraggebers Paul Friedrich stand, hatte er nichts zu befürchten, da dieser bereit war, sich auch gegen den Willen der Hofbeamten für seinen Baumeister einzusetzen.

„Hof- und Leibdemokrat" Paul Friedrichs

Zwischen dem nur vier Jahre älteren Paul Friedrich und Demmler hatte sich im Laufe der Jahre ein enges persönliches Verhältnise entwickelt. Paul Friedrich, der als sehr loyal und volksverbunden galt, verstand es auch, seinen Hof- und Hausarchitekten an sich zu binden. Mit Geschenken (z. B. Kupferwerke Schinkels, eine extra in Potsdam angefertigte Kutsche), mit Bewilligung der finanziellen Forderungen Demmlers, Gehaltserhöhungen und zusätzlichen fiananziellen Zuwendungen brachte Paul Friedrich Demmler persönliches Wohlwollen entgegen. Auch hatte er ihn dazu bewegen können, daß Demmler sich in Schwerin durch einen Hausneubau fest etablierte. (Demmler und seine Frau hatten ursprünglich die Absicht, auf dem Lande ein Gut zu erwerben.) Die Baumaterialien für das Wohnhaus (am Schweriner Pfaffenteich, von 1841–42 errichtet) stellte der Großherzog Paul Friedrich seinem Lieblingsarchitekten kostenlos zur Verfügung. Auch aus seiner politischen Gesinnung brauchte Demmler gegenüber seinem fürstlichen Auftraggeber kein Hehl zu machen. Dieses enge persönliche Verhältnis zwischen Demmler und dem Großherzog Paul Friedrich veranlaßte die öffentliche Meinung in Mecklenburg dazu, in Demmler einen „Minister sans portefeuille" zu sehen und in manchen volkstümlichen Maßregeln des Fürsten den Einfluß Demmlers zu vermuten. So kam Demmler in den Ruf, der „Hofdemokrat" und „Leibdemokrat" Paul Friedrichs gewesen zu sein.

Stadtplaner Schwerins

Hauptbetätigungsfeld für Demmler wurde nach seinem Antritt als Hofbaumeister die Stadt Schwerin. Der Großherzog hatte 1837 die Residenz von Ludwigslust wieder nach Schwerin verlegt und ließ die Stadt als Residenzstadt ausbauen. Seinem Hofbaumeister Demmler übertrug er fast alle größeren repräsentativen Bauten in Schwerin. Dabei ließ er ihm oft nur wenig Zeit für die Anfertigung von Entwürfen und Kostenanschlägen. Demmler entwarf und leitete nach 1837 u. a. den Bau des großherzoglichen

Der Marstall
(1837–1842 errichtet)

Das Arsenal
(1840–1844 im Tudorgotikstil errichtet)

Marstalles auf der Wadewiese, des Arsenals und den Gasthofbau in der Schloßstraße. Innerhalb kürzester Zeit entstanden in den Jahren zwischen 1838 und 1844 diese repräsentativen großherzoglichen Bauten in Schwerin, die der Stadt ein völlig neues Gepräge gaben.

Der Marstallbau (er soll nur nach Bleistiftskizzen Demmlers entstanden sein) war eine technische Meisterleistung Demmlers. Mit dem Bau des Arsenals legte Demmler den Grundstein für die weitere städtebauliche Entwicklung Schwerins in Richtung Westen. Demmler gehörte der durch Paul Friedrich 1837 ins Leben gerufenen Stadterweiterungskommission an und hatte sich hier für den Ausbau Schwerins in westlicher Richtung ausgeprochen. Auf Demmlers Vorschläge hin sind für die Schaffung von Baugrund zunächst der Fließgraben überwölbt und die Ufer des damals noch unwegsamen Geländes um den Pfaffenteich befestigt und mit Granitblöcken eingefaßt worden. Den Pfaffenteich hatte Demmler damit geschickt in die Stadtgestaltung einbezogen. Durch seinen eigenen Hausbau am Pfaffenteich schuf Demmler auch die Voraussetzungen für die Fortsetzung der Straßen- und Häuserzeilen.

Während er in Schwerin diese großen Bauvorhaben leitete, lieferte Demmler die Entwürfe für eine Reihe weiterer großherzoglicher und gesellschaftlicher Bauten im Lande. Es entstanden in dieser Zeit die Gebäude des Oberappellationsgerichtes (1840) in Rostock, ein Militärlazarett in Wismar, Bade- und Villenbauten in Heiligendamm und Doberan sowie Gestütsbauten in Redefin und Ludwigslust. Auch eines der ersten städtischen Krankenhäuser Mecklenburgs wurde in Schwerin nach seinen Plänen errichtet (heutige Werderstraße). Auf seine Initiative hin wurden die bereits stillgelegten Ziegeleien in Schwerin wieder in Betrieb genommen und damit sehr wesentlich die bauliche Weiterentwicklung Schwerins mit befördert. Die Schweriner Schleifmühle, die seit Mitte des 18. Jahrhunderts als Steinschleiferei genutzt wurde, stand seit 1837 unter seiner Leitung. Hier wurden für den Schloßbau zahlreiche und umfangreiche Steinschleifarbeiten wie Treppen, Fenstergesimse u.a.m. gefertigt. Demmler brachte bei den Bauten auch neue Techniken in Anwendung. So ließ er in der Grabower Eisengießerei Brücken und Eisenteile herstellen. Nach seinen Entwürfen sind in den Jahren von 1840–1843 in Schwerin im städ-

Alter Garten in Schwerin, 18. Jh.,
mit dem alten Schauspielhaus

Alter Garten in Schwerin, 1842. Mit den von Demmler entworfenen Gebäuden, wie dem Kollegiengebäude (links), dem Schauspielhaus (Mitte) und der Baustelle des von Demmler entworfenen Palaisgebäudes.

Die Justizkanzlei in der Schelfstraße
(1837/38 umgebaut)

Das Städtische Krankenhaus in der Werderstraße.
Eines der ersten Krankenhausbauten Mecklenburgs
(1839/40)

Das Altstädtische Rathaus
(1834/35 mit der von Demmler
entworfenen Fassade verblendet)

Die Großherzogliche Militärbildungsanstalt in der
Bergstraße (ehem. Domanial Krankenhaus,
1841 von Demmler umgebaut)

tischen Auftrag die Torhäuser entstanden, wie das Berliner- (heute Sitz des Stadtarchivs), Güstrower- (noch erhalten und teilweise als Wohnung genutzt), Wittenburger- (Teile noch erhalten), Lübecker- und das Tor am Spieltordamm (die beiden letzteren nicht mehr vorhanden). Zu Demmlers vielseitigem Aufgabengebiet gehörten auch Denkmalsentwürfe sowie Innen- und Gartengestaltungen.

Schweriner Schloßbaumeister

Sein größtes Auftragswerk wurde aber das Schweriner Schloß. Schon Paul Friedrich hatte den Bau eines neuen Palais in Schwerin geplant, da das alte Schloß baufällig war und nicht mehr den Wohn- und Repräsentationsansprüchen entsprach. Er beauftragte seinen Hofbaumeister Demmler mit den Entwürfen und sah als Platz für dieses neue Palais den Alten Garten vor, unmittelbar neben dem nach Plänen Demmlers errichtetem Schauspielhaus. 1840/41 lagen Demmlers in klassizistischem Stil gehaltenenen Entwürfe vor, und es war bereits mit dem Bau begonnen worden. Doch 1842 verstarb Paul Friedrich, und das Bauprojekt wurde ein Jahr später stillgelegt. Jahrzehntelang blieb es eine Baustelle, bis in den 70er Jahren nach Plänen Willebrands das Großherzogliche Galeriegebäude (heutiges Museum) auf den rohbaufertigen Grundmauern errichtet wurde. Der neue regierende Großherzog, der damals erst 19jährige Friedrich Franz II., hatte andere Pläne. Er wollte das alte Schweriner Schloß völlig neu – bzw. umbauen lassen und auf der Schloßinsel, wo bereits seine Urahnen lebten, ein Beispiel großherzoglicher Macht und Repräsentation setzen. Hofbaumeister Demmler erhielt also den Auftrag. Sein erster 1842 vorgelegter Entwurf – ein im „Windsor-Castle-Stil" vorgesehenes Schloß – wurde vom Bauherrn abgelehnt. Auch sein zweiter Entwurf, in dem Demmler die Renaissanceformen von Piloot vom Anfang des 17. Jahrhunderts übernommen hatte, fand keinen Anklang am Hofe. Bis schließlich 1845 Demmler, nach ausgedehnten Studienreisen mit seinem Baukondukteur Hermann Willebrand nach Frankreich und England, einen dritten Entwurf vorlegte, der angenommen wurde. Demmler hatte u.a. die französi-

1. Entwurf G. A. Demmlers
für den Umbau des alten Schweriner Schlosses (1842)

2. Entwurf G. A. Demmlers
für den Umbau des alten Schweriner Schlosses (1842/43)

Entwurfszeichnung Demmlers für eine Tür des Schweriner Schlosses

Demmlers 3. Schloßentwurf von der Stadt- und Seeseite
(Zeichnung Demmlers von 1850)

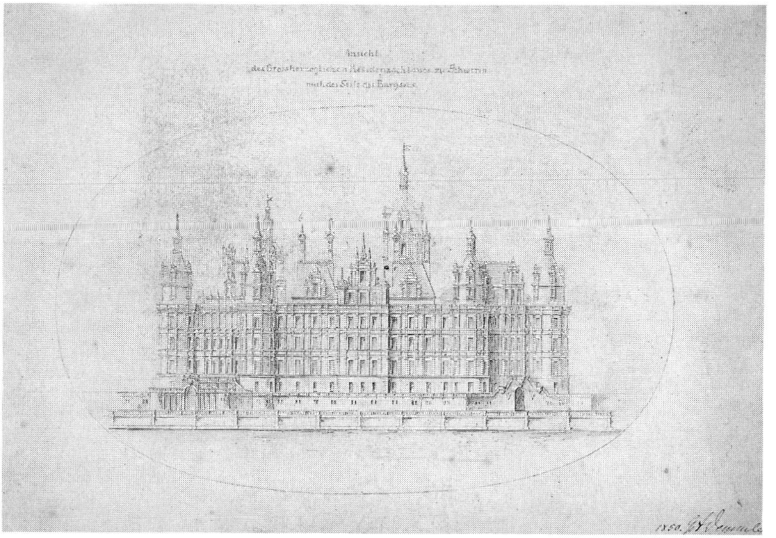

Detailzeichnung Demmlers für das Schweriner Schloß

Entwurf Demmlers für ein Säulenkapitel
im Schweriner Schloß

schen Schlösser in Versailles, St.Cloud, Fontainebleau, Orleans, Chambord und die englischen Schlösser in Richmond und Windsor besichtigt und nach dem Vorbild des Schlosses Chambord an der Loire seinen Entwurf im Neurenaissancestil vorgelegt. Dieser monumentale Bauauftrag rief auch andere Baumeister Deutschlands auf die mecklenburgische Bühne. Der preußische Hofbaumeister Friedrich August Stüler und auch Johann Gottfried Semper legten Entwürfe für das neue Schweriner Schloß vor. Verschiedene Persönlichkeiten begutachteten die Entwürfe der Baumeister. (Demmler selbst war mit seinem Schloßentwurf beim preußischen König Friedrich Wilhelm IV und sogar in Versailles. Selbst bis nach Petersburg gelangte sein Entwurf für den Schweriner Schloßumbau.) Nach einigen Auseinandersetzungen zwischen Demmler und dem Großherzog – in denen sich Demmler entschieden dagegen auflehnte, daß auswärtige Architekten den Bauauftrag erhielten – wurde ihm schließlich im Jahre 1845 der Auftrag zum Schloßum- und neubau erteilt. 1844 schrieb er aus Berlin an seine Frau im Zusammenhang mit der Begutachtung seiner Schloßbaupläne am preußischen Hofe : „. . . daß die Sachen im allgemeinen für mich, trotz der vielen Intriguen gut entschieden sind, ob ich aber dennoch zu gratulieren bin, steht dahin, denn ich fürchte doch, daß mir der Schloßbau zu vielen Ärger und Unanehmlichkeiten bringt. Ich glaube, demselben nicht zu vollenden, denn ehe ich mich totärgern soll, will ich lieber meinen Feinden das Feld räumen.“ Doch zunächst wurde er zum Schloßbaumeister ernannt und gehörte der durch den Großherzog gegründeten Schloßbaukommission an. 1845 wurde mit den Bauarbeiten begonnen. Schon 1844 hatte man – in Vorbereitung des Schloßbaues – mit der Errichtung der neuen Schloßbrücke nach Grundentwürfen (Fünf-Bogen-Konstruktion) Demmlers begonnen.

Das Demmler'sche Gewinnbeteiligungsystem

Während des Schweriner Schloßbaues, den Demmler von 1845 bis 1851 leitete, zeichnete er sich durch ein großes Organisationstalent aus. Er ließ am Alten Garten große Werkstätten errichten, wandte neue Techniken an und entwickelte beim Schloßbau sein bereits schon bei den anderen Bauten in Anwendung gebrachtes Arbeits- und Lohnsystem weiter. So ließ er nicht nur die Bauarbeiten auf Rechnung ausführen, sondern auch sämtliche Rohmaterialien und Maschinen auf Rechnung anschaffen. Für einen effektiven und reibungslosen Bauablauf hatte er speziell für den Schloßbau ein Regulativ erarbeitet, das durch ein straffes Organisations- und Leitungsprinzip gekennzeichnet war. Nach diesem waren die Gesellen, Burschen und Tagelöhner entsprechend den Gewerken jeweils einem Werkmeister unterstellt, diese wiederum den Baukondukteuren, die dem Bauleiter Demmler unterstellt waren. Jeder war verantwortlich für sein entsprechendes Aufgabengebiet. Demmler setzte damit nicht nur großes Verantwortungsbewußtsein, Bereitschaft zum selbständigen Handeln und Vertrauen auf ordentliche Arbeitsleistungen der Baukondukteure, Poliere, Werkmeister, Arbeiter, Gesellen und Tagelöhner voraus, sondern förderte umgekehrt die Arbeits- und Verantwortungsbereitschaft. Auch beim Schloßbau übertrug er bestimmte Arbeiten jeweils Gruppen von Gesellen und Arbeitern, die dann den entsprechenden Arbeitsverdienst wiederum nach ihren eigenen Berechungen unter sich aufteilten und trug damit zur generellen Gewinnbeteiligung der Arbeiter bei. Dieses sogenannte „Demmler'sche Gewinnbeteiligungssystem“ fand später Anerkennung vor allem in sozialdemokratischen und Arbeiterkreisen, während man von liberaler und konservativer Seite Demmler nur als reinen Geschäftsmann darzustellen versucht hatte, der allein am Gewinn Anteil gehabt und lediglich den Arbeitern einen kleineren Teil abgegeben hätte.

Unterstützungskasse für Schloßbauarbeiter

Während des Schloßbaus ließ Demmler u.a. einen „Unterstützungsfonds für die beim Schloßbau zu Schaden kommenden Arbeiter“ errichten. Sein erarbeitetes Regulativ vom 10. Februar 1846 für diese Kasse fand Genehmigung beim Großherzog. Nach diesem Regulativ wurde die Kasse aus regelmäßigen Beiträgen (u.a. eine vom Großherzog genehmigte jährliche

Zulage von 50 Reichstalern N 2/3 aus der Großherzoglichen Schatulle, eine vom Geheimen Ministerium jährlich bewilligte Zahlung von 50 Reichstalern) und unregelmäßigen Beiträgen gebildet und zwar aus dem Ertrag, der sich aus dem Passieren der Schloßvorderbrücke durch Schiffe ergeben sollte, der 4 Schilling für das Aufziehen der Brückenklappen betrug; aus Summen, die sich aus den den Arbeitern zuerkannten Strafen für versäumte Arbeit, Entwendung von Abfallholz etc. ergaben und vom Betrag aller Materialien-, Handwerker-, Kaufleuten-, Fuhr- und Schifferrechnungen und zwar von jedem Taler 3 Pfennig bis höchstens 1 Schilling zusammensetzte. Die Arbeiter selbst brauchten keine finanzielle Zuwendungen zu erbringen. Demmler hatte bestimmt, daß auch nur diejenigen Lieferanten und Handwerker zum Schloßbau zugelassen wurden, die mit dem Abzug der festgelegten Summen von den Rechnungen für diese Unterstützungskasse für Arbeiter einverstanden waren.

Auch für die Verwaltung dieser Arbeiterunterstützungskasse hatte Demmler konkrete Vorschläge erarbeitet. Danach wurde die Gesamtleitung der Kasse einem Baukondukteur übertragen, der Vorstand aber bestand aus demokratisch gewählten Vertretern der Arbeiter. Ihm gehörten je ein Maurer- und Zimmerpolier, je zwei Maurer- und Zimmergesellen und je zwei Tagelöhner an. Über die Bewilligung und die Höhe der auszuzahlenden Summen an die durch Krankheit oder Arbeitsunfall geschädigten Schloßbauarbeiter entschied der jährlich neu gewählte Vorstand unter Hinzuziehung eines Arztes selbst.

Diese von Demmler ins Leben gerufene – und zu diesem Zeitpunkt im mecklenburgischen Baugewerbe einmalige – Arbeiterunterstützungskasse bzw. Kranken- und Unfallkasse trug zur Linderung der sozialen Not der Bauarbeiter bei, die bei Arbeitsausfall ein entsprechenden Lohnausgleich – also eine Art Krankenunterstützungsgeld – erhielten. So erhielten während Demmlers Bauleitung am Schweriner Schloß aus dieser Kasse 152 Arbeiter, die in den Jahren zwischen 1846 und 1850 durch Krankheit oder Arbeitsunfälle zu Schaden gekommen waren, eine bare Unterstützung von 589 Talern 2 Schilling Courant. Daneben sorgte der Bauleiter Demmler dafür, daß sie kostenlos Medizin und freie ärztliche Behandlung erhielten.

Dennoch konnte Demmler mit diesen Reformen nicht verhindern, daß es auch beim Schloß immer wieder zu sozialen Unruhen kam. So legten im Oktober 1846 sämtliche dort beschäftigten Maurergesellen die Arbeit nieder, weil ihnen der Tagelohn von 18 Schilling zu gering war. Zeitgenössische Quellen sprechen von einer „kleinen Revolution". Im Jahre 1847 war erneut eine „kleine Maurer-Revolte" beim Schloßbau. Anfang Mai hatten dort sämtliche Maurer ihre Arbeit niedergelegt. Dieser Streik dauerte fast einen ganzen Monat, bis schließlich durch das Eingreifen von Polizei „die Ordnung wieder hergestellt" wurde.

Demmlers Grundhaltung – nicht nur hier beim Schloß, sondern während seiner gesamten Baumeisterzeit – war geprägt durch die Unterstützung der Forderungen der Arbeiter. So befürwortete er auch stets die Lohnforderungen der bei den Bauten beschäftigten Gesellen, Tagelöhner und Arbeiter. Auch anläßlich von Baufestlichkeiten gedachte der Bauleiter Demmler der Handwerksgesellen und Tagelöhner und würdigte ihre Leistungen. Als im Jahre 1847 das Richtfest des Schweriner Schlosses gefeiert werden sollte, organisierte er ein Fest für die Bauarbeiter auf Kosten der Schloßbaukasse. An dieser Feier nahmen nicht nur alle Baukondukteure und Meister, sondern 124 Maurergesellen und Burschen, 50 Zimmerer, 420 Tagelöhner – insgesamt – rund 700 Personen teil. Die Bauarbeiter brachten ihrem Baumeister Demmler große Hochachtung entgegen. In der Festrede anläßlich der Anbringung des Kranzes auf dem neu erbauten Turm des Schweriner Schlosses würdigten sie die Verdienste ihres Bauchefs mit folgenden Worten :

„Ein dreifach Lebehoch erschalle
Dem Architecten, dessen Rath
Den Bauplan leitet, der für alle
Gedacht, gesorgt, geschaffen hat;
Dem Meister, der, so klug und weise
Den Plan und Riß genau erwog,
Ihm bringen wir zum Ruhm und Preise
Ein dreifach lautes Lebehoch!
Herr Hofbaurath Demmler lebe hoch!-"

Während des Schweriner Schloßbaus (Ausschnitt aus einem zeitgenössischem Panoramabild)

Die den Arbeitsleuten bei den fürstlichen Bauten zu Schwerin bis auf Weiteres von Sr. Königlichen Hoheit dem Großherzoge allergnädigst bewilligte Zulage zu dem bisher üblich gewesenen Tagelohn soll nur unter der Bedingung stattfinden, daß diese Zulage zu einem Sparfond für jeden einzelnen Arbeiter in dem laufenden Jahrgang bis zu bestimmten Terminen zurückgelegt wird, oder bis der Arbeiter entweder durch Unglücksfälle veranlaßt, oder durch gänzliche Arbeitslosigkeit denselben bedarf, und wird dieserhalb Folgendes festgesetzt:

§. 1.

Der Tagelohn bei allen Großherzoglichen Bauten zu Schwerin soll nach dem Fleiß und der Arbeitsfähigkeit des Tagelöhners bestimmt werden, und soll derselbe

a. vom 1. October bis zum 31. März 14 ßl., 16 ßl. oder 18 ßl. Courant,

b. vom 1. April bis Ende September 16 ßl., 18 ßl., 20 ßl. oder 22 ßl. Courant

betragen; und hängt die Bestimmung des Tagelohns für jeden einzelnen Arbeiter von demjenigen Großherzoglichen Bauofficianten ab, der dieselben anstellt und beaufsichtigt, welcher also ihren Fleiß und ihre Arbeitsfähigkeit nach Pflicht und Gewissen wird beurtheilen können. Für Burschen, welche unter 18 Jahr alt sind und die bei den Bauten oder in den Fabriken beschäftigt werden, wird in jedem besonderen Fall der Tagelohn ohne Rücksicht auf obige Normen festgesetzt werden.

4

§. 6.

Vorstehende Bestimmungen gelten nicht allein für diejenigen Arbeiter, welche ihren Tagelohn unmittelbar aus Großherzoglichen Baucassen erhalten, sondern auch für diejenigen Arbeiter oder Handlanger, welche von Meistern gestellt und von diesen wöchentlich bezahlt werden, so daß also auch diese gehalten sind, den vorstehend festgesetzten Sparschilling wöchentlich an die Berechner abzuliefern.

§. 7.

Die Oberaufsicht über diese verschiedenen Sparfonds, so wie die Revision der desfallsigen Rechnungen und Cassen führt, in so weit die Bauten zum Ressort der Hofbauadministration gehören, der Hofbaurath Demmler zu Schwerin.

Schwerin, den 19. April 1848.

Großherzogliche Hofbauadministration.

A. G. Demmler.

Regulativ für die von Demmler 1848 eingerichtete Arbeitersparkasse

Auch für einzelne Arbeiter und Gesellen oder für Menschen, die sich in seinem Umkreis mit sozialen Nöten an ihn wandten, trat Demmler ein und nutzte seine einflußreiche Position am Hofe, um zu helfen. So genoß der Hofbaumeister Demmler bei weiten Kreisen der Schweriner Bevölkerung großes Ansehen. Insbesondere die ärmeren Schichten sahen in ihm einen Fürsprecher ihrer Interessen. In höfischen Kreisen, am großherzoglichen Hofe und in seiner Beamtentätigkeit mußte Demmler immer stärker in Widerspruch geraten. So gab es in der Folgezeit auch Bestrebungen, ihn aus der Schloßbaukommission zu verdrängen. Demmler schrieb dazu, „daß das Ministerium darauf ausging, mir meine Dienstgeschäfte in aller Hinsicht zu verleiden u. mich dadurch vielleicht zur Einreichung eines Abschiedsgesuches zu nötigen; allein alle diese Nadelstiche, Grobheiten, Kränkungen ertrug ich auch aus Liebe zum Schloßbau mit Engelsgeduld . . .".

Im Schweriner Bürgerausschuß

Nachdem Demmler im Jahre 1845, nach Fertigstellung seines Wohnhauses am Schweriner Pfaffenteich, Hausbesitzer geworden war, hatte er laut Stadtverfassung auch die Berechtigung zur Wahl in den Bürgerausschuß erhalten. Aus dem im Stadthause gehaltenen Protokoll vom 27. November 1845 geht über die Wahl Demmlers zum Bürgerrepräsentanten hervor: „Von 9 Stimmen waren 7 auf den Herrn Hofbaurath Demmler gefallen, derselbe hatte also die absolute Majorität für sich und war damit zum Bürgerrepräsentanten auf die nächstfolgenden 6 Jahre für den vierten Wahlbezirk erwählt. . .". Im Januar 1846 wurde Demmler zum Mitglied des Schweriner Bürgerausschusses für die Zeit von 1846–1851 vereidigt. Demmler schreibt über seine kommunale Tätigkeit im Bürgerausschuß, daß er „überhaupt im Interesse der Communalverwaltung so thätig" war, „wie es mir bei meinen schwierigen und ausgebreiteten Amtsgeschäften nur irgend möglich war.". Im Jahre 1847 erreichte Demmler, daß der Bürgerausschuß Schwerins den Antrag des bürgerlichen Gutsbesitzers Pogge auf dem Mecklenburgischen Landtag zur zeitgemäßen Reform der

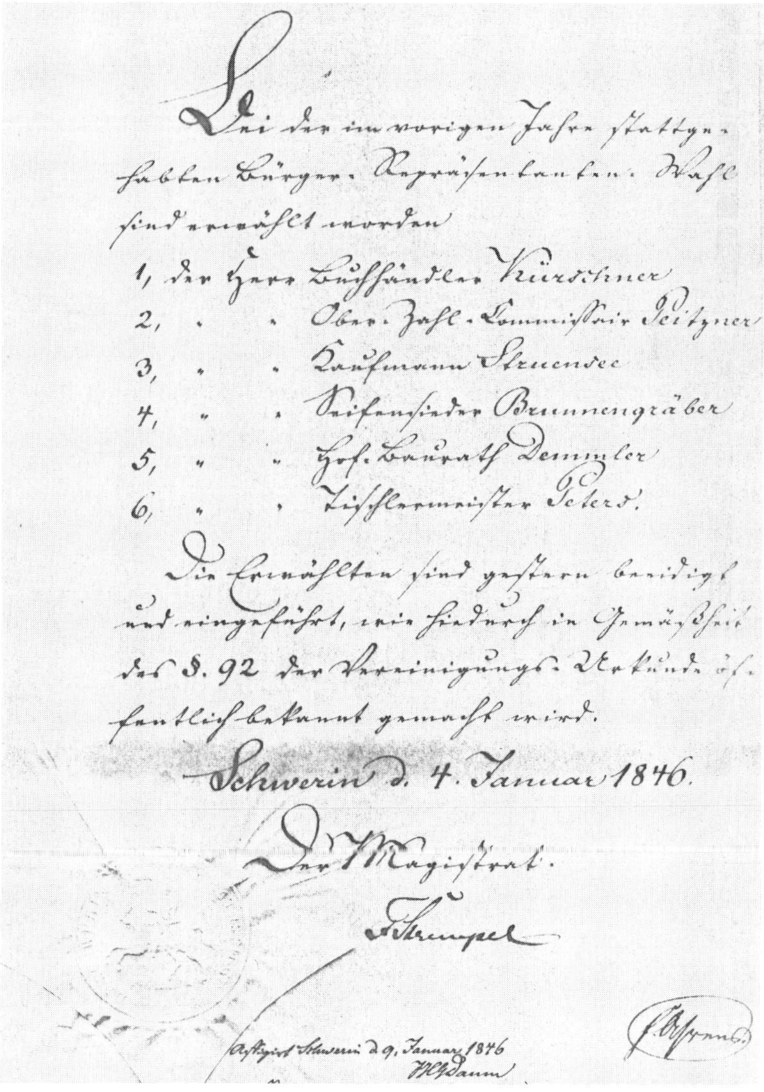

Bei der im vorigen Jahre stattgehabten Bürger-Repräsentanten-Wahl sind erwählt worden

1, der Herr Buchhändler Kürschner
2, " " Ober-Zoll-Commissair Seitzner
3, " " Kaufmann Struensee
4, " " Seifensieder Brunnengräber
5, " " Hof-Baurath Demmler
6, " " Tischlermeister Peters.

Die Erwählten sind gestern beeidigt und eingeführt, wie hiedurch in Gemäßheit des §. 92 der Vereinigungs-Urkunde öffentlich bekannt gemacht wird.

Schwerin d. 4. Januar 1846.

Der Magistrat.

Strempel

Affigirt Schwerin d 9. Januar 1846
Damm

Protokoll des Schweriner Magistrats über die im November 1845 erfolgte Bürger-Repräsentanten-Wahl. Unter Nr. 5 Hofbaurat Demmler.

Landesvertretung tatkräftig unterstützte. Einem zeitgenössischen Polizeibericht zufolge, besaß Demmler bei der Bürgerschaft Schwerins einen solchen großen Einfluß, daß „seine Worte als Orakel angesehen" wurden.

Im Widerspruch mit der 48er Revolution

Als es im März des Jahres 1848 auch in der großherzoglichen Residenzstadt Schwerin zu Unruhen von Arbeitern und Handwerksgesellen kam, wurde der Hofbaurat Demmler stärker als bisher mit dem Unwillen der Arbeiter konfrontiert. Am Abend des 13. März 1848 hatten sich in Schwerin eine größere Menge von Arbeitern, Gesellen und Tagelöhnern auf dem Alten Markt vor dem Rathause versammelt und taten hier ihre Empörung über die Haltung des Großherzogs und der städtischen Verwaltung kund. Der Großherzog hatte die Entgegennahme von Abordnungen verboten und auch der städtische Rat beriet zur gleichen Zeit mit den Mitgliedern des Schweriner Bürgerausschusses im Rathaus über die Bildung einer Bürgerwehr zum Schutz der Ordnung und Sicherheit und gegen Unruhen aus dem Volke. Die aufgebrachte Menge versuchte, in das Rathaus einzudringen. Die allgemeine jahrelang angestaute Unzufriedenheit breitete sich an diesem Abend zu einem allgemeinen Volkszorn gegen die Willkür der Adelsherrschaft und der städtischen Obrigkeit auf. Lärmend zog die Menschenmenge durch einige Straßen Schwerins. Dabei wurden die Häuser wohlhabender und einflußreicher Persönlichkeiten der Stadt zum Angriffspunkt ihres Zornes. Dem Senator und Direktor des Stadtpolizeiamtes Friedrich Strempel wurden die Fensterscheiben seines Wohnhauses eingeworfen. Dazu hatten die Arbeiter und Gesellen das Straßenpflaster des Großes Moores aufgerissen. Am Pfaffenteich wurde das Wohnhaus des Hofbaurates Demmler Zielscheibe ihres Unmutes. Reichliches Material bot dafür die gegenüberliegende Baustelle des Stern'schen Hotels. Vor dem Arsenal wurden die Demonstranten durch eine Kompanie Soldaten und durch einige Trupps eilig bewaffneter Bürgergarden aufgehalten und schließlich zerstreut. Auch Demmler trat der noch am gleichen Abend in Schwerin gebildeten Bürgerwehr bei und wurde zum Leutnant erwählt.

Zeitgenössische Karikatur auf das Verhalten der Ritterschaft während der 48er Revolution

Zeitgenössische Karikatur auf das Verhalten der mecklenburgischen Bevölkerung in der Verfassungsfrage

Als politischer Beobachter in Berlin

Im Auftrag des Großherzogs wurde Demmler noch im März als sogenannter politischer Beobachter in die preußische Hauptstadt entsandt. Er sollte sich hier in Volkskreisen bewegen, die politische Stimmung unter den Arbeitern Berlins erkunden und anschließend dem Großherzog berichten. Unter dem Eindruck der revolutionären Ereignisse in einer Reihe südlicher Staaten und der Unruhen im eigenen Lande war der Großherzog von Mecklenburg-Schwerin, Friedrich Franz II., mit der Verkündung der Pressefreiheit für Mecklenburg-Schwerin am 16. März und der Einberufung eines außerordentlichen Landtages zwecks Reform der Landesvertretung erste Konzessionen eingegangen, dennoch war er zur Einführung einer konstitionellen Verfassung nicht bereit. Auch hatte die Bereitschaft des preußischen Königs zur konstitionellen Monarchie bei ihm noch Unverständnis hervorgerufen.

Demmler hielt sich ab 20. März für mehrere Tage in Berlin auf. Die preußische Hauptstadt stand noch ganz unter dem Eindruck der schweren Barrikadenkämpfe des Berliner Volkes vom 18. März und des Sieges der Berliner Märzrevolution. Vor dem Berliner Schloß postierten statt des Militärs nun die Bürgergarde Berlins. Demmler schrieb: „ Es machte auf mich einen eigenthümlichen Eindruck, gewohnt hier nur stramme Gardisten zu sehen, jetzt statt ihrer Mitglieder der Schützengilde in ihren reich gestickten Uniformen, theilweise sehr corpulent, echte Berliner Philister, Hoflieferanten und andere loyale Bürger . . . aufmarschirt zu sehen . . . “. Er besuchte dort Volksversammlungen und sammelte die ihm „zugänglichen Broschüren, Flugblätter und Plakate“ . Unter den von Demmler nach Schwerin mitgebrachten und dem Großherzog übergebenen Plakaten befand sich eines mit der riesigen Überschrift „Stiebel, Du mußt sterben“.

Arbeitersparkassen zur Linderung sozialer Not

Noch im April 1848 wurde Demmler in seiner Eigenschaft als Hofbaumeister mit verstärkten sozialen Forderungen der Schweriner Arbeiter konfrontiert. In mehreren Petitionen hatten sich Gesellen verschiedener Gewerke und Arbeiter Schwerins im April 1848 an den Schweriner Magistrat und an den Großherzog gewandt und die Verbesserung ihrer sozialen Lebenslage gefordert. Ihre schlechte Lage darstellend, hieß es in einer der Bittschriften, daß diejenigen „die nothdürftig zu leben haben, kaum imstande sind, einen Sparschilling für Unglücksfälle und eine Zeit der Arbeitslosigkeit zurückzulegen. Und im Winter sind die meisten von ihnen längere Zeit arbeitslos." Demmler, als Schloßbaumeister und Hofbaumeister, wurde zur Berichterstattung herangezogen. Er schlug nun seinem Dienstherrn vor, im Interesse der Linderung der Not der Bauarbeiter, für alle bei den fürstlichen Bauten beschäftigten Arbeiter ein Sparfonds einzurichten und empfahl dem Großherzog, den Lohnforderungen der Arbeiter zwar zuzustimmen, diese aber zu verpflichten, den zusätzlichen Verdienst für Zeiten zu sparen „wo die Arbeit schwach und der Verdienst geringer ist oder sie von Unglücksfällen heimgesucht werden." Demmler vertrat die Ansicht, daß den Arbeitern damit geholfen werden könne, wenn sie ein paar Spargroschen für die Zeit hätten, in denen sie weniger Arbeit oder gar keine hätten. Für die Einrichtung dieser Sparfonds hatte Demmler ein Statut verfaßt. Die Einrichtung dieser Unterstützungskasse fand die landesherrliche Zustimmung. In einem Sparbuch wurden die gesparten und zurückgelegten Summen erfaßt und den Arbeitern dann jeweils zur Hälfte am 1. Dezember und am 17. Januar eines jeden Jahres ausgehändigt. Diese von Demmler initierten Sparfonds galten nicht nur für Arbeiter, die ihren Lohn aus der Baukasse erhielten, sondern auch für Arbeiter und Handlanger, die von den Meistern gestellt und von diesen wöchentlich bezahlt wurden. Diese Demmlersche Einrichtung des Revolutionsjahres wurde allerdings schon ein Jahr später nur noch für die beim Schloßbau tätigen Arbeiter und Gesellen bewilligt und im Jahre 1850 – nach dem Scheitern der bürgerlich-demokratischen Revolution – fand sie keine großherzogliche Zustimmung mehr.

Auf der Seite der Demokraten

Während der Revolutionsjahre gehörte Demmler – seinen eigenen Worten zufolge – der „demokratischen, um nicht zu sagen der ultrademokratischen Partei“ an. Als im September 1848 in Mecklenburg die Wahlen zum verfassunggebenden Landtag stattfanden, ließ Demmler sich in Schwerin zum Wahlmann aufstellen. In der großherzoglichen Residenzstadt waren von den 94 erwählten Wahlmännern allein 86 Reformer und nur acht Konstitutionelle. Demmler gehörte neben bekannten kleinbürgerlichen Demokraten wie Julius Polentz, Buchhändler Marcus, Postrevisor Wöhler zu den Reformern. Er war im 19. Wahlbezirk gewählt worden. Fast zwei Drittel der Abgeordnetenmandate konnten dann bei den Wahlen im Oktober die von den Reformvereinen Mecklenburgs aufgestellten Kandidaten erringen. Als am 31. Oktober 1848 die feierliche Eröffnung der erwählten Abgeordnetenversammlung im Schweriner Dom stattfand – die Innenausstattung dafür hatte Demmler übernommen – glaubten viele Mecklenburger an einen Sieg der Demokratie und des Fortschritts. Doch langwierige Verhandlungen, Zersplitterung der demokratischen Kräfte und schließlich auch die überwiegende Macht der Adelsherrschaft führten zur Abschwächung des revolutionären Elans, zur Durchsetzung wahrhaftiger und grundlegender demokratischer gesellschaftlicher Verhältnisse im Lande. Zwar wurde nach über einem Jahr Verhandlungen das „Staatsgrundgesetz von Mecklenburg- Schwerin“ im Oktober 1849 verkündet, es enthielt die von der Frankfurter Paulskirche proklamierten Grundrechte und Freiheiten des deutschen Volkes, doch stellte diese Verfassung – trotz vieler und gerade für Mecklenburg bedeutsamer Fortschritte – einen Kompromiß zwischen Bürgertum und Adel dar. Dennoch enthielt diese konstitutionelle Verfassung eine Reihe wichtiger, auch durch die Menschen auf der Straße erkämpften demokratischen Rechte. Es war damit das für das Land so verhängnisvolle Bauernlegen verboten, die Prügelstrafe und die Todesstrafe abgeschafft, eine Reihe von Privilegien des Adels und des Großgrundbesitzes beseitigt worden, wie die niedere Gerichtsbarkeit, der Untertänigkeits- und Hörigkeitsverbandes und die persönlichen Abgaben und es war die Unverletzlichkeit und Freiheit der Person, gleich welchen

Verzeichniß der am 26. und 27. d. M. in Schwerin gewählten Wahlmänner.

17. Wahlbezirk: Töpfer Niemann, Maurergeselle W. Hering, Lehrer Conradi, Lehrer Lindemann; Bäckermeister Frevert, Buchdrucker Haupt, Maurergesell Hintze, Zimmermeister Jäger; Lehrer Wiemann, Hoftischler Nagel, Maler Florentz, Tischler Hohmann; Literat Assur, Tischler Scheel, Stuhlmacher G. Schultz, Inspector Wendland; Kaufmann H. Kortüm, Tischler Kludt **sen.**, Advocat Möller, Schlosser B. F. H. Müller; Hofuhrmacher Engel, Lehrer Dethloff, Kaufmann Spangenberg, Schlosser Brautsch; Gastwirth Biesenthal, Schiffer Mahncke, Stadtschreiber Daum, Glaser Petersen; Bildhauer Lancken, Maler Stephans, Böttcher Fett.

18. Wahlbezirk: Steuerrath Schultze, Rector Brasch, Pastor Böcler, Schneider Steffenhagen; Apotheker Berend, Kaufmann Kniesch, Seifensieder Rose, Nadler Joseph; Notar Jantzen, Kaufmann A. Jahn, Literat Polentz, Lederhändler Scriba; Schneider Oldag, Schuhmacher Eichler **jun.**, Tischler Holland, Buchbinder C. Schmidt; Advocat Kopseel, Notar Wolff, Instrumentenmacher Schlottmann, Uhrmacher Heuser; Buchhändler Kürschner, Zahnarzt Paulsen, Kaufmann Carrée, Buchhändler Marcus; Schuhmacher Bormann, Buchbinder Müller, Schuhmacher Stöhr, Schuhmacher Pohl; Drechsler Fr. Scharffenberg, Gelbgießer Rubenow **jun.**, Schuhmacher Wachsmann **jun.**

19. Wahlbezirk: Hofbaurath Demmler, Geh. Ministerial-Rath Störzel, **Dr.** Claren, Tischler Peters **jun.**; Bildhauer Petters, Candidat Ebeling, Eisenbahn-Bureau-Chef Solteu, Steinmetz Wintermuth; Bademeister Passow, Weber Löper, Barbier Schlicht, Copist Schröder; Töpfer Schultze, Fuhrmann Steffen, Arbeitsmann Kahlbohm, Schuhmacher Zinck; Postrevisor Wöhler, Arbeitsmann Röpcke, Arbeitsmann H. Backhaus, Maurergesell Carl Krüger; Kaufmann Gramm, Kaufmann C. F. Schmidt, Glaser Jacobs, Zimmergeselle Beckmann; Rentier Harnack, Schneider Richter, Gastwirth Hagen, Kaufmann Rabe; Gastwirth Clewe, Tischler Richter, Brauer Busch, Zimmergeselle H. Jungbluth.

Aus: „Meklenburgscher Bürgerfreund“ Nr. 13 vom 24. September 1848

Standes, die volle Glaubens-und Gewissensfreiheit, die Freiheit der Wissenschaft und Lehre, bedingte Presse- und Versammlungsfreiheit, unentgeltlicher Unterricht an den Volksschulen u.a.m. verkündet worden. Alle Mecklenburger waren nunmehr vor dem Gesetze gleich. . .

Für den Erhalt der Errungenschaften der Revolution

Für diese Verfassung trat nun Demmler energisch ein. Dies sollte ihm aber, nachdem schon zum Anfang des Jahres 1850 auch in Mecklenburg die alten Stände des Landes wieder an Macht gewonnen hatten, zum Verhängnis in seiner Stellung als Beamter am großherzoglichen Hofe von Mecklenburg-Schwerin werden. Denn seit „der Arm des großherzoglichen Freundes (Paul Friedrich) keine unmittelbare Stütze mehr bot“ wurde auch für Demmler „das Parquet des Hofes zu glatt.“

Im Januar/ Februar 1850 gab es von Seiten der alten Adelsmacht in Mecklenburg massiven Widerstand gegen den Fortbestand dieses Staatsgrundgesetzes von 1849. Mit Unterstützung Preußens erreichte sie in dem sogenannten Freienwalder Schiedsspruch vom 11. September 1850, daß diese 48er Verfassung für null und nichtig und für Mecklenburg wieder die altlandständische Verfassung von 1755, der Landesgrundgesetzliche Erbvergleich, für gültig erklärt wurde. Gegen diese Befestigung der alten politischen Ständeherrschaft in Mecklenburg hatte sich bereits im Frühjahr im ganzen Lande eine breite Volksbewegung zum Erhalt des Staatsgrundgesetzes entwickelt, die sehr wesentlich von einem in Rostock gebildeten Komitee unter der Leitung von bürgerlichen Demokraten und Liberalen wie den Gebrüdern Wiggers, den Professoren Türk und Wilbrandt ausging. In einem öffentlichen Aufruf an alle Bürger des Großherzogtums Mecklenburg-Schwerin wurde zur Namensunterzeichnung zwecks Verwahrung gegen die Versuche zur Abschaffung der Verfassung aufgerufen. Dieser Aufruf fand im ganzen Land große Begeisterung, allein 27 000 Mecklenburger unterzeichneten ihn und erklärten damit, daß sie „die zwischen Fürst und Volk vereinbarte und am 10. Oct. 1849 publicirte Verfassung für Mecklenburg-Schwerin fort und fort als das legal zu Stan-

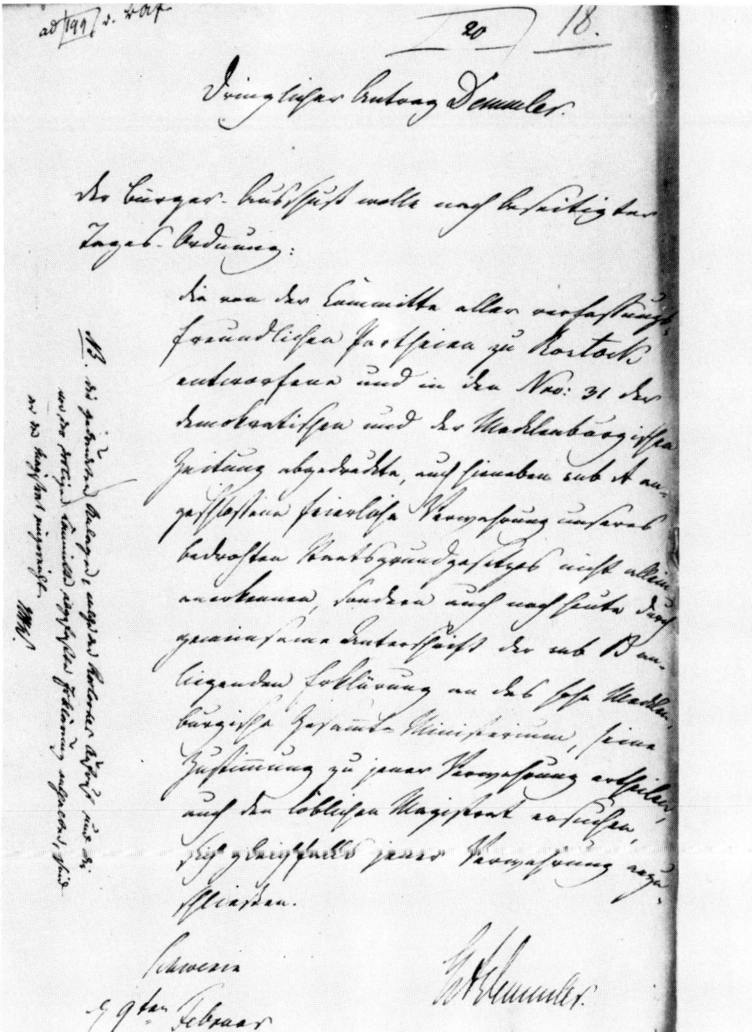

18.

Dringlicher Antrag Demmler.

Der Bürger-Ausschuß wolle nach Erledigung der Tages-Ordnung:

die von der Comitte aller verfassungsfreundlichen Parteien zu Rostock entworfene und in der Nro: 31 der demokratischen und der Mecklenburgischen Zeitung abgedruckte, auf Seite sub A angeschlossene feierliche Verwahrung unseres bedrohten Staatsgrundgesetzes nicht allein anerkennen, sondern auch nachträglich durch gemeinsame Unterschrift der sub B anliegenden Erklärung an das hohe Mecklenburgische Gesammt-Ministerium seine Zustimmung zu jener Verwahrung ertheilen, auch den löblichen Magistrat ersuchen, sich gleichfalls jener Verwahrung anzuschließen.

Schwerin d. 9ten Februar 1850

G. A. Demmler.

Antrag Demmlers an den Schweriner Bürgerausschuß zur Erhaltung des Staatsgrundgesetzes von 1849

de gekommene Rechtsgesetz des Landes, als den Ausdruck des Rechtswillens der unermeßlichen Mehrheit der Bevölkerung anerkennen, daß sie demnach jeden hemmenden Eingriff in diesselbe als einen Act rechtloser Gewalt betrachte." Der mecklenburgischen Abgeordnetenkammer und dem Großherzog ging in jenen Tagen eine Flut von Protesten aus der Bevölkerung zu.

Im Schweriner Bürgerausschuß war es Demmler, der hier die Intitiative zum Handeln ergriff und am 9. Februar 1850 einen dringlichen Antrag an den Bürgerausschuß zwecks Erhaltung des Staatsgrundgesetzes stellte. Dabei bezog er sich auf die von Rostock ausgehende Bewegung und erreichte noch zu diesem Zeitpunkt, daß sich tatsächlich der Schweriner Bürgerausschuß mit einer von Demmler ausgearbeiteten Erklärung an das Gesamtministerium wandte, in der energisch Einspruch gegen die Versuche der Bundeszentralkommission zur Aufhebung der Verfassung erhoben und sich solidarisch mit der Rostocker Bewegung erklärt wurde. Doch bereits 1849 war mit der Niederschlagung des Badischen Aufstandes die Niederlage der bürgerlich-demokratischen Revolution in Deutschland besiegelt. Im April 1850 hatte zwar in Mecklenburg-Schwerin noch die Abgeordnetenkammer getagt, doch in ihre Sitzungen fiel bereits die Note des Bundestages, daß sich das Land in der Verfassungsfrage einem Schiedsgericht unterzuordnen hatte. Im Juni gab es bereits wieder neue repressive Maßnahmen, die sich vor allem gegen die demokratische Bewegung richtete, wie die Verordnung „Zum Schutze wider den Mißbrauch der Presse", und im Sommer fanden bereits bei namhaften bürgerlichen Demokraten Mecklenburgs Hausdurchsuchungen statt. Mit der Verkündung des Freienwalder Schiedsspruchs am 14. September 1850 hatten nunmehr auch im Großherzogtum Mecklenburg-Schwerin die „getreuen Stände „ gesiegt und die Demokraten verloren. Damit war auch hier – wenn auch mit reichlicher Verspätung – die Revolution beendet. Nicht einmal konstitutionelle Formen wurden erhalten, sondern die politische Struktur des Landes wurde im wesentlichen durch die Wiedereinführung der Ständeherrschaft in den alten Zustand zurückversetzt.

Gegen diese Wiederherstellung der alten Machtverhältnisse wandte sich auch der Hofbaurat Demmler. Wenige Tage nach der Verkündung des

Freienwalder Schiedsspruchs, am 18. September 1850, kam er mit einigen Mitgliedern des Schweriner Bürgerausschusses in einer privaten Sitzung zusammen, auf der ein Antrag an den Schweriner Magistrat zwecks Verwahrung gegen die Aufhebung der Verfassung beraten und beschlossen wurde. Auf einer dann gemeinschaftlichen Versammlung des Schweriner Bürgerausschusses am 23. September erreichte Demmler auch noch, daß dieser Antrag angenommen und an den Magistrat weitergereicht wurde. Auch in einer Reihe weiterer Städte Mecklenburgs war es im Herbst des Jahres 1850 zu energischen Protesten gegen die Wiederherstellung der alten Adelsherrschaft im Lande gekommen.

Die Dienstentlassung

Die Folge Demmlers politischen Auftretens gegen den Freienwalder Schiedsspruch und für den Erhalt der 48er Verfassung war, daß er sich gegenüber seiner vorgesetzten Dienstbehörde, dem Großherzoglichen Mecklenburgischen Finanzministerium, zu verantworten hatte. In einer mündlichen Auseinandersetzung gab sein unmittelbarer Vorgesetzter, der Minister von Brock, dem Hofbaurat Demmler unmißverständlich zu verstehen, daß er am Hofe nicht mehr erwünscht war. Es wurde ihm dargelegt, daß er „nicht gewußt habe, sein 'Communal-Amt' mit der dienstlichen Stellung zu vereinigen" und, daß er, „ungeachtet der hinzugetretenen Verwarnungen" seines Vorgesetzten nicht in der Lage gewesen sei, den richtigen Weg zu finden. Schließlich wurde er aufgefordert, innerhalb von drei Tagen seinen Austritt aus dem Bürgerausschuß Schwerins zu erklären, ansonsten habe er mit einer Kündigung zu rechnen. Unmißverständlich gab Minister von Brock Demmler zu verstehen, daß er in seiner Stellung als Hofbaumeister seine „politischen Ansichten nicht öffentlich aussprechen oder zur Schau zu tragen und insbesondere nicht zu dem Zwecke, um damit eine Opposition gegen Regierungs-Maaßregeln irgendwie zu bewirken" habe. Demmler habe also seine politische Überzeugung „wenn sie mit dem Willen und den Verfügungen seines Herren nicht in Uebereinstimmung wären" für sich zu behalten. Würde

Demmler dies nicht tun, so müsse er mit einer Kündigung rechnen. Auch könne er als „so hochstehender Diener", der so oft mit dem Großherzog in Berührung käme und von dem außerdem noch so viele Gewerbetreibende, Handwerker und Arbeiter abhängig wären, nicht in öffentlichen Bürgerversammlungen den Großherzoglichen Verordnungen und den Verfügungen des Ministeriums entgegentreten. Da ein „derartiges Beispiel leicht auch andere Diener gleichfalls zu oppositionellen Handlungen veranlaßt werden" können. Demmler hatte in dieser mündlichen Auseinandersetzung gegenüber Herrn von Brock sehr heftig erwidert, daß er sich als „einen freien Künstler" betrachte und, daß sein „wichtigstes Werk gegenwärtig der Schloßbau sei" und, daß dieser „weder von einer roth reactionären, noch von einer roth republicanischen Gesinnung" abhinge. Er habe es „stets für Pflicht gehalten", die „Wahrheit überall rücksichtslos ohne Furcht vor den Folgen zu sagen", und er müsse daher „auch als Bürger-Repräsentant für die Rechte der Commüne und der Bürgerschaft stimmen . . .". Von Brock ermahnte, daß er „sich fortan von politischem Treiben fern zu halten und sich zu freuen habe, daß der Betrieb der Politik zu seinem Berufe nicht gehöre". Doch auch darauf entgegnete Demmler, daß er angesichts der Tatsache, daß „wieder die alte Landtagswirtschaft eintreten sollte" und auf der „früher nur alle Sonderinteressen zur Geltung gebracht worden" seien und „wo die Stimme des kleinsten, oft politisch ganz unmündigen Ritter-Gutsbesitzes in den wichtigsten Angelegenheiten des Staats, eine gleiche Entscheidung habe, wie die Vertreter einer Stadt wie Schwerin „, so müßten ihn – solange er Bürgerrepräsentant dieser Stadt sei – „ Schritte dieser Art erregen" und er „könne und dürfte" sich dann „der Politik auf diesem Gebiet nicht entziehen."

Demmler kam nicht der Forderung nach, aus dem Bürgerausschuß auszutreten, sondern nahm entgegen allen Verwarnungen an einer weiteren geheimen Sitzung von Bürgerrepräsentanten teil, auf dem der Antrag zum Erhalt des Staatsgrundgesetzes beschlossen wurde. Es folgte dann noch ein heftiger Schriftwechsel zwischen seiner vorgesetzten Dienstbehörde – auch an den Großherzog hatte sich Demmler gewandt – doch angesichts der massiven Angriffe gegen ihn, reichte er mit einem Schreiben vom 20. Oktober 1850 seine Kündigung selbst ein. Er hatte erkannt, daß auch

zukünftig eine Dienstentlassung wie ein „Damoklesschwert" über ihm geschwebt hätte. Seiner Forderung nach sofortiger Entlassung wurde nicht entsprochen (in seiner Dienstklausel hatte er eine halbjährliche Kündigungsfrist). Auch wurde die von ihm geforderte Pension nicht bewilligt. Wieder folgten heftige Briefe zwischen Demmler und seiner vorgesetzten Dienstbehörde und auch dem Großherzog. Schließlich erhielt Demmler am 17. Dezember 1850 die schriftliche Mitteilung, daß er „zu Johannis 1851" aus dem großherzoglichen Dienst entlassen werde. Auch sein Bitte, noch bis zur Mitte des Jahres 1851 den Schloßbau weiterführen zu können, wurde abgelehnt. Mit Wirkung vom 14. Januar 1851 wurde er aus der Schloßbaukommission entlassen.
Für Demmler und seine Frau wurde das letzte halbe Jahr seiner Dienstzeit bis zum Sommer 1851 zu einer Zeit der Demütigungen. Bereits mit Wirkung vom 22. Oktober 1850 hatte man ihn von der technischen Leitung der Ludwigsluster Hofbauten entbunden (Im Juni 1850 war ihm die Betreuung der Militärbauten des Landes abgenommen worden. Führende Militärs waren beim Großherzog vorstellig geworden und hatten es „im Interesse des Dienstes als der Disciplin, wie in Rücksicht auf die den Truppen zuteil gewordenen Instructionen" abgelehnt, mit Demmler als „einen (m) bekannten Democraten" weiter in „nähere(n) Geschäftsverbindungen" zu bleiben). Die von ihm eingereichten Rechnungen und Dienstreiseabrechungen wurden überprüft, Baupläne ohne sein Wissen aus seinem Baubüro entnommen... Auch mußte er mit ansehen, daß sein Nachfolger beim Schweriner Schloßbau, der preußische Oberbaurat Stüler, sein begonnenes Werk fortsetzte und noch Veränderungen vornahm. Demmler schrieb später, daß es für ihn nach so einem arbeitsreichen und intensiven beruflichen Leben peinlich war, „mit einem Male in Schwerin beschäftigungslos umherzugehen und Pflastertreter zu werden . . .".

Hofbaumeister a.D. in politischer Opposition

Das Vorgehen seitens des Großherzoglichen Ministeriums gegen ihn, seine Dienstentlassung ohne Bewilligung der Pension und die gesamtgesellschaftliche Situation 1850/51 veranlaßte Demmler, die Öffentlichkeit anhand seines Schicksals auf die politische Situation nach dem Scheitern der Revolution und der Machtübernahme der alten Adelsherrschaft aufmerksam zu machen. Noch im März 1851 ließ er bei dem renommierten Verlag Hoffmann & Campe in Hamburg seine „Actenstücke betreffend die Dienstentlassung des Hofbauraths Demmler in Schwerin" drucken und in Deutschland verbreiten. Der Sammlung der Aktenstücke – Berichte von den mündlichen Unterredungen und den Schriftwechsel zwischen ihm und dem Ministerium sowie dem Großherzog – hatte Demmler „Bemerkungen über die Stellung der Staatsdiener im Großherzogtum Mecklenburg-Schwerin" angeschlossen, die von dem Schweriner Rechtsanwalt Dr. Viereck verfaßt worden waren und sich gegen die praktizierten Methoden gegenüber politisch mißliebig gewordenen Beamten wandten und die Stellung der Beamten am mecklenburgischen Hofe darstellten. Demmler hatte diese kleine Schrift u. a. an Universitäten in Deutschland versandt. In Preußen wurde sie verboten.

Im Frühjahr 1851 gehörte Demmler zu den 98 Aktionären der „Bremer Tageschronik, Norddeutsche Abendzeitung, Organ der Democratie", die mit Geldspenden halfen, daß dieses demokratische Blatt trotz polizeilicher Maßnahmen noch einige Monate weiterbestehen konnte. Aus dem Bürgerausschuß nicht ausgetreten, beteiligte er sich aktiv an deren Sitzungen, trat mit eigenen Anträgen hervor. Anläßlich der Londoner Industrieausstellung 1851 schlug er vor, mit kommunalen Mitteln Arbeiter, Gesellen und Handwerksmeister aus Mecklenburg nach London zur Ausstellung zu entsenden. Doch die Kommunen waren weder bereit, die Mittel aufzubringen, noch Arbeiter und Gesellen in das damalige Zentrum politischer Flüchtlinge nach London und auch nicht unter der Führung Demmlers zu entsenden.

Abschied von Schwerin

Mit Wirkung vom 24. Juni 1851 schied Demmler aus dem großherzoglichen Dienst aus. Vor die Wahl gestellt und unter Druck gesetzt, zwischen seiner dienstlichen Stellung als Hofbaumeister und seinem kommunalen Amte sowie seines politischen Wirkens zu entscheiden, hatte er seine bürgerliche Freiheit gewählt (allerdings konnte er sich das durch seine gesicherte materielle Lage auch leisten).

Fast drei Jahrzehnte hatte Demmler im großherzoglichen Dienst gestanden. Seine Dienstentlassung bedeutete jedoch keinen vollständigen Bruch mit dem fürstlichen Hause. Durch seine enge Bindung an Paul Friedrich fühlte er sich mit der großherzoglichen Familie sein Leben lang verbunden.

Die Entlassung aus dem Staatsdienst bildete für den erst 47jährigen Demmler einen entscheidenden Wendepunkt seines Lebens. Mit Ende seiner Wahlperiode schied Demmler zunächst im Juli 1851 aus dem Schweriner Bürgerausschuß aus. Im Juli bei seiner Abreise aus Schwerin wurde ihm eine Dankadresse überreicht, die von zahlreichen Schwerinern, alt und jung, arm und reich, unterschrieben worden war. Darin hieß es : „. . . Sie haben manch redlichen Arbeiter Brot und Verdienst gegeben, manchen Gedrückten aus dem Elende herausgerissen,(. . .) ernten Sie dort, wo sie demnächst Ihre neue Heimat begründen, den Segen, welchen Sie leider in unserer Mitte nicht finden konnten".

Die „Schloßthurmknopfdurchsuchungsgeschichte"

Mit Argwohn wurde selbst noch nach seiner Dienstentlassung am Hofe Demmlers politisches Tun während seiner Hofbaumeisterzeit unter die Lupe genommen. Demmler hatte im November des Jahres 1850 bei der Fertigstellung des südlichen Eckturmes des Schweriner Schlosses im Turmknopf eigenhändig – ohne darüber ein Protokoll angefertigt zu haben – einige Zeitdokumente niedergelegt. Von einem Mitglied der Schloßbaukommission wurde nach Demmlers Weggang davon Anzeige erstattet, und es wurde mit einem großen Kostenaufwand wieder ein Gerüst an den Turm angebracht und die Dokumente in dem Turmknopf untersucht. Neben einer Gedächtnisschrift zum Fortgang des Schloßbaues von 1848 und 1850 und anderen Aufzeichnungen zur Baugeschichte hatte Demmler dort auch einige Zeitdokumente hinterlegt. Zu den von Demmler – sehr bewußt – ausgewählten Dokumenten gehörten einige Nummern der „Mecklenburgischen Zeitungen" aus der Revolutionszeit von 1848–1850, wie die mit der Proklamierung der Grundrechte des deutschen Volkes, der Abschaffung des Landesgrundgesetzlichen Erbvergleichs und der Einführung des Staatsgrundgesetz von 1849 für Mecklenburg-Schwerin, mit dem Freienwalder Schiedsspruch und der Verfügung des Großherzogs mit der Entlassung der konstitutionellen Minister. Schließlich hatte Demmler noch die „Actenmäßige Erzählung der Gründe der muthmaßlich bevorstehenden Dienstentlassung" dort hinterlegt. Er wollte damit der Nachwelt erhalten, daß es „nicht unehrenhafte Gründe, als die bei großartigen Bauten häufig vorkommenden Unredlichkeiten oder auch Ungeschicklichkeiten und technische Unfähigkeit" die Gründe für seine Entlassung gewesen sei, sondern, daß er „seiner politischen Uberzeugung" treu geblieben und dafür auch bereit gewesen sei, „das härteste Opfer zu bringen . . .". Außer der Gedächtnisschrift und den Unterlagen zum Bau (diese wurden 1852 in dem linken Turm zur Stadtseite neu hinterlegt und kürzlich bei Bauarbeiten wieder entdeckt) erhielt Demmler im Jahre 1854 die Zeitungen und die anderen Dokumente mit der Begründung „als nicht zum Schloßbau gehörend" nach Paris zurückgesandt. So endete diese „Schloßthurmknopfdurchsuchungsgeschichte" – wie Demmler es einschätzte – wohl nicht mit dem erwünschten Erfolg, und „der Staatsanwalt oder Crimialfiskal erhielt keine Beschäftigung."

Als „Politischer Flüchtling" im Ausland

In den Jahren 1851 bis 1857 bereiste Demmler gemeinsam mit seiner Frau mehrere Länder Europas. „Des Zwanges los und ledig", schrieb Demmler später in seinen Erinnerungen ," ging ich auf Reisen, zunächst nach England, Schottland, Frankreich, Schweiz, Italien.
In allen diesen Ländern wimmelte es von politischen Flüchtlingen; politische Flüchtlinge gehörten zur Signatur jener Zeit, in welcher die Reaktion sich wieder im Besitze ihrer Kräfte fühlte". In London besuchte Demm-

ler politische Klubs, stand mit ausländischen und mecklenburgischen Emigranten und Freunden in ständiger Verbindung. Von den deutschen Polizeibehörden überwacht, wurde er auch als „Politischer Flüchtling“ registriert und in die „Kartei der politisch Verfolgten“ aufgenommen. Auch in der „Verfolgtenkartei“ des Berliner Polizeipräsidiums war der entlassene Hofbaumeister a.D. erfaßt. Über diese Jahre schrieb Demmler später: „ Begreiflich konnte Jemand in dem ausschließlichen Verkehr mit einer so intelligenten und charakterfesten Emigration, wie sie von den Flüchtlingen jener Jahre repräsentiert ward, nicht national-liberal, noch weniger reaktionär werden.“

Rückkehr nach Schwerin

Im Frühjahr 1857 kehrten Demmler und seine Frau wieder nach Schwerin zurück. In seinen Erinnerungen ist nachzulesen, daß ihn schon bald nach seiner Ankunft in Schwerin der Großherzog habe sehen wollen und, daß Demmler „freundlichst empfangen“ worden sei. Auch der Minister von Brock sei ihm wieder „wohl gesonnen“. Demmler schreibt weiter, daß es ihm wohl nicht schwer geworden wäre, wieder in den Staatsdienst eintreten zu können. Doch : „Allein mein unabhängiger Sinn war auf den Reisen noch intensiver geworden; ich hatte die persönliche Freiheit in allen Beziehungen kennengelernt. . . und so dachte ich nicht im entferntesten daran, wieder in ein abhängiges dienstliches Beamtenverhältnise eintreten zu wollen; dieser Gedanke lag mir so fern, daß, hätte man mich mit Ehren überhäufen und, wie man zu sagen pflegt, mich in Gold einfassen wollen, ich alle und jede Anbietung würde abgelehnt haben . . .“. Demmler ging kein festes Dienstverhältnis nach 1859 mehr ein.

Als im Mai 1857 das Schweriner Schloß feierlich in Anwesenheit des preußischen Königs und mit großem Pomp eingeweiht wurde, hatte man Demmler als ehemaligen Schloßbaumeister nicht geladen. Er erhielt zwar neben Stüler auch eine aus diesem Anlaß geprägte Medaille in Gold, doch der in Ungnade gefallene Hofbaurat Demmler war am Hofe nicht erwünscht. Seine Kenntnisse als Architekt dagegen hat man späterhin auch vom groß-

Die sogenannte Paulsstadt, um 1854. Blick vom Spieltordamm über den Pfaffenteich. Rechts das von Demmler errichtete Arsenal. In der Mitte rechts das Wohnhaus Demmlers. Gegenüber das damalige Stern'sche Hotel, dessen Fassade Demmler entworfen hat. Links der Dom noch mit kleinem Turm. Ausschnitt aus der zeitgenössischen Lithographie „Erinnerung an Schwerin" von G. Täubert.

Das Schweriner Schloß nach dem Umbau,
etwa Mitte 19. Jh.
Gemälde auf Porzellan

Henriette Demmler, geb. Zickermann (1862 gest.)
Gemälde von Pauline Soltau,

Georg Adolph Demmler (1804–1886)
Gemälde von Pauline Soltau

herzoglichen Hofe noch in Anspruch genommen, wie 1877 im Zusammenhang mit dem Umbau des von Demmler erbauten Schweriner Schauspielhauses.

Als Kommunalpolitiker

Hauptwirkungsfeld Demmlers wurde nach 1859 die politische und kommunalpolitische Bühne. Dabei wirkte er auch über den Rahmen seiner engeren Heimat hinaus. Seine finanzielle und berufliche Unabhängigkeit ermöglichte ihm auch zukünftig ein freieres und radikaleres Auftreten. Dabei knüpfte er in seinem politischen Wirken an die Traditionen der Kämpfe um Demokratie, Freiheit und Recht während der 48er Revolution an. Das Wohl der arbeitenden Klassen und Schichten und die mecklenburgische Verfassungsfrage wurden Hauptanliegen seines politischen Streitens. Unermüdlich nutzte er die im Lande vorhandenen Möglichkeiten zur politischen Betätigung, zur Dokumentation seiner demokratischen Vorstellungen und zur Beförderung des Fortschritts. Dabei wurde er von seiten des Großherzoglichen Ministeriums und des Schweriner Magistrats sehr häufig in die Schranken verwiesen, denn seit Januar 1851 bestand ein Versammlungs-und Vereinsverbot, und auch jegliche Antragstellung im Bürgerausschuß, die sich gegen die Adelsvorherrschaft im Lande und auf Verfassungsänderung richtete, war unter Strafe gestellt. Doch Demmler ließ sich nicht beirren. Im Schweriner Bürgerausschuß wurde er zum Hauptorganisator des Kampfes um gesellschaftliche Reformen im Lande. 1858 stellte er u.a. Anträge auf Reform der Steuer- und Heimatgesetze, trat für Handels- und Gewerbefreiheit ein. Besonders seine Anträge zur Wiedereinführung des Staatsgrundgesetzes in den Jahren 1860 /61 stießen auf den heftigsten Widerstand des Magistrates und der Regierung. Dieser von Demmler im Schweriner Bürgerausschuß initiierte und geführte Verfassungskampf brachte Bewegung in die politische Landschaft. Es gelang ihm auch, den größten Teil des Bürgerausschusses für die Wiederaufnahme des Verfassungskampfes zu gewinnen. Trotz erfolgter Verbote und Repressivmaßnahmen führten Demmler und weitere Bürgerausschußmitglieder ihren Kampf bis weit in die 60er Jahre fort. Demmler wurde im Bürgerausschuß und vielen anderen kommunalen Ämtern für das städtische Gemeinwohl tätig. Ob als Mitglied des Schweriner Bürgerausschusses, in den er im November 1857 wieder gewählt worden war, ob als Deputierter des Bürgerausschusses im Schweriner Schulvorstand (hier trat er vor allem für die Förderung des Volksschulwesens ein), als Mitglied des Gewerbevereins und des Kämmerervorstandes und ob als Städteplaner Schwerins hat Demmler mit seinen Anträgen zur Förderung der Entwicklung Schwerins, insbesondere der Förderung von Handel und Gewerbe und zur Linderung der sozialen Nöte der unbemittelten Schichten der Bevölkerung beigetragen.

„Erweiterungs- und Verschönerungsplan für die Residenzstadt Schwerin"

Mit seinem in den Jahren 1862-1866 erarbeiteten „ Erweiterungs- und Verschönerungsplan für die Residenzstadt Schwerin" legte Demmler eine städtebauliche Konzeption vor, mit der er weit vorausschauend die Entwicklung Schwerins projektierte und baulich vorzeichnete. Der Plan sah u.a. großzügige Straßenführungen und Ufergestaltungen im Boulevardcharakter (angeregt durch seine Aufenthalte in Paris und anderen Städten Europas) vor. Rings um die Stadt sollten an den Seen entlang breite beplanzte Alleen führen. Demmler hatte den Ausbau der Stadt bis weit in die Zukunft konzipiert. Größere bauliche Veränderungen waren geplant vor allem östlich der Werderstraße, im Dreieck Ostorfer See – Wallstraße – Friedhof, und dem damaligen Exerzierplatz westlich der Reiferbahn und am Ziegelsee. Breite, gerade Verbindungsstraßen sollten von der Innenstadt in die neuen Stadtviertel führen. Hier hatte Demmler vorgesehen, Wohnhäuser auch für Arbeiter zu schaffen. Die Eisenbahnstrecke von der Höhe des Friedhofes bis kurz vor den Bahnhof sollte überwölbt werden und das Gelände somit bebaubar gemacht werden. Über dieses sollten breite Straßen bis in die Innenstadt und zum Schloß führen. (Einige Straßenführungen wie die in der von- Thünen- Str. erinnern noch heute an das

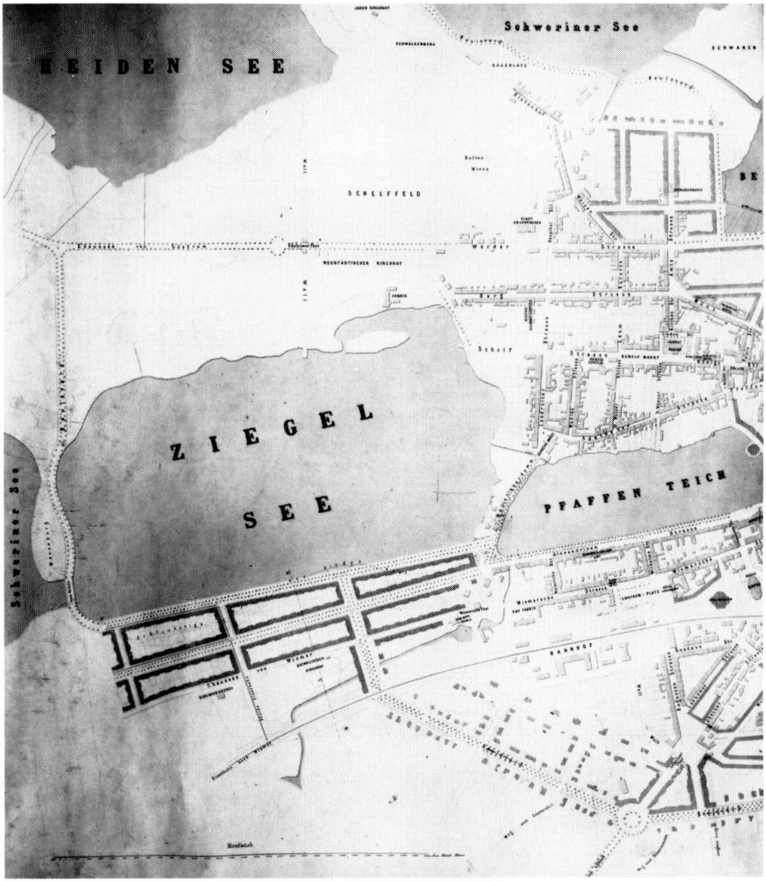

Der Demmler'sche Stadt- und Erweiterungsplan für Schwerin von 1863 (linke Seite)

Der Demmler'sche Stadt- und Erweiterungsplan
für Schwerin von 1863 (rechte Seite)

Demmler'sche Projekt.) Doch Demmlers weitreichenden Pläne fanden angesichts des schmalen Geldbeutels der Kommune und angesichts der Kühnheit dieses Planes bei den städtischen Behörden keinen oder nur bedingten Widerhall. Demmler wäre auch bereit gewesen, ein Teil der Bebauung mitzufinanzieren. Im Zuge seiner Stadterweiterungspläne hatte er auch Vorschläge für die Anlegung eines neuen Friedhofes in Schwerin unterbreitet. (Der heutige Standort des nunmehr alten Friedhofes geht auf Demmler zurück.) Hier ließ Demmler auch im Jahre 1863 seine Familien-Grabkapelle errichten. In dieser Kapelle fand seine 1862 verstorbene Frau Henriette die letzte Ruhestätte.

Für die Herstellung eines einheitlichen deutschen Nationalstaates

In den Jahren nach 1859 wurde Demmler vor allem auch überregional politisch aktiv. Es war die Zeit eines neuen nationalpolitischen Aufschwungs um gesellschaftliche Reformen im Lande und um die Herstellung eines einheitlichen Nationalstaates. Auf Anregung politischer Freunde in Berlin nahm Demmler im September 1859 an der Gründung des Deutschen Nationalvereins in Frankfurt am Main teil. Innerhalb dieses vor allem von liberalen Bürgerlichen gebildeten Vereins um die Schaffung eines einheitlichen deutschen Staates stellte sich Demmler auf die Seite der Kräfte, die sich gegen die Einigung unter der Führung Preußens wandten. Gemeinsam mit Moritz Wiggers aus Rostock und weiteren Mecklenburgern beteiligte sich Demmler an einigen Versammlungen des Vereins und der Volkswirtschaftlichen Kongresse. In Mecklenburg wurde der Nationalverein gleich nach seiner Gründung verboten und deren Mitglieder waren Repressivmaßnahmen ausgesetzt. Demmler übernahm allen Verboten zum Trotz eine Agentur des Nationalvereins für Mecklenburg. Unermüdlich war er für humanistische und demokratische Ziele tätig, nutzte jegliche sich bietende Möglichkeit für politische Aktivitäten. Anläßlich der Schillerfeiern im November 1859 zog der Hofbaurat Demmler die Aufmerksamkeit der Schweriner auf sich. In seinem Wohnhaus am

Pfaffenteich hatte er mit Leuchtreklame, einer Büste Schillers und der Losung aus dem Wallenstein „Wir sind ein Volk, und einig wollen wir handeln“ auf das nationale Ziel aufmerksam gemacht. Über die Wirkung dieser Illuminiation schrieb Demmler: „ . . . so strömte denn Alt u.Jung nach meinem Hause, so daß es vor dem Fenster auf der Straße so voller Menschen war, daß die Passage nicht selten ist gesperrt worden. . .“. Als Ehrengast nahm Demmler auch an der Hamburger Schillerfeier am 13. November 1859 teil. Anläßlich des 1. Mecklenburgischen Musikfestes in Schwerin, im Jahre 1860, nutzte er die Gelegenheit und brachte Transparente und Losungen an sein Wohnhaus an, die auf die rückständigen Verhältnisse in Mecklenburg aufmerksam machen sollten. Im Sommer 1860 war er der einzige Mecklenburger, der leidenschaftlich Partei ergriff für den Kampf Garibaldis und seiner Freiwilligen um die Freiheit Siziliens. Er sammelte Gelder und sandte sie den kämpfenden Sizilianern zu.

Als Fürsprecher und Förderer von Arbeiterinteressen

Mit regem Interesse verfolgte Demmler auch die politischen und sozialen Bewegungen innerhalb der Arbeitervereine und der beruflichen Fach- und Handwerkervereine. Als 1862 in Berlin der Gedanke aufkam, einen Arbeitertag oder Arbeiterkongreß zur Behandlung sozialer Fragen ins Leben zu rufen, begrüßte Demmler dieses sehr und trat in Mecklenburg für die Propagierung dieser Idee ein. Demmler wirkte in den folgenden Jahren für eine selbständige vom Bürgertum gelöste Arbeiterorganisation. So nahm er ab 1859 regelmäßig an den Stiftungsfesten des Hamburger Arbeiterbildungsverein teil, wirkte im Schweriner Gewerbeverein für die Interessen der Arbeiter, trat für die Verbreitung der von seinem Freund, Ludwig Reinhard, in Coburg mit herausgegebenen „Arbeiter-Zeitung“ und setzte sich schließlich für den von August Bebel und Wilhelm Liebknecht gegründeten und geführten Verband Deutscher Arbeitervereine ein. In Schwerin wurde Demmler in den 60er Jahren zum Fürsprecher der Arbeiter, insbesondere der Maurer und Zimmerer. Ausgehend von seinen langjährigen beruflichen Erfahrungen unterstützte er sie in ihren sozialen Kämpfen, half ihnen bei der Formulierung ihrer Forderungen, trat in Versammlungen für die Verbesserung ihrer Lebenslage ein.

Gegen die Bismarcksche Einigungspolitik

Während des Preußisch – Österreichischen Krieges 1866 organisierte Demmler in Mecklenburg gemeinsam mit seinem inzwischen in Eisenach lebenden Freund Fritz Reuter eine Sammlungsaktion für verwundete Soldaten beider kriegführender Staaten. Den in plattdeutscher Sprache verfaßten Aufruf Fritz Reuters „Min leiwen Landslüd' un gauden Frün'n" vom Juli 1866 ließ Demmler in mehreren mecklenburgischen Zeitungen abdrucken und sammelte auch in Schwerin die eingegangenen Spendengelder, die er dann nach Eisenach zu Reuter schickte. Dort hatte sich ein Hilfskommitee gebildet, um den in den Lazaretten Thüringens und Sachsens untergebrachten Soldaten zu helfen.
1866 war Demmler auch ein eifriger Verfechter der Demokratie und ein Streiter gegen die Einigung Deutschlands unter preußischer Vorherrschaft. Als 1866 der Norddeutsche Bund unter Führung Preußens gebildet wurde, versuchte er, in Schwerin Versammlungen durchzuführen, die ihm nicht genehmigt wurden. An seinen Freund Fritz Reuter in Eisenach schrieb Demmler in jenen Tagen: „Wie Du weißt, bin ich kein großer Verehrer der Erfolge und Resulutate des Jahres 1866 und namentlich kein Freund der Zwangsjacke, welcher der Freiheit durch die norddeutsche Bundes-Verfassung ist angelegt worden. Ich wende mich – wie immer – einem freiheitlichen Ideal zu und will dafür meine Sympathie auch an den Tag legen . . .".
Im Frühjahr 1867 beteiligte sich Demmler dann auch nicht an den Wahlen zum Norddeutschen Reichstag. Im Mai 1867 ließ er in der Berliner demokratischen Zeitung „ Die Zukunft „ einen langen Artikel abdrucken, in dem er konsequent die Verfassung des Norddeutschen Bundes ablehnte und sich gegen die Bismarcksche Einigung unter preußischer Vorherrschaft und durch eine Revolution von oben wandte.

Min leiwen Landslüd' un gauden Frün'n.

Ji hewwt mi oftmals seggt, dat Ji Spaß an min Schriweri hatt hewwt; ditmal kam ik nich mit Spaß an Jug heran, ditmal is dat de allerbitterste Irnst, de mi tau Jug driwwt.

De Noth is grot hir tau Lan'n. Blaud is hir flaten, vel Blaud un dütsches Blaud. In Langensalza liggen Preußen un Hannoveraner an de 1500 up ehren Smerzenlager; in Dermbach un Salzungen liggen Preußen un Baiern an de 600, in Eisenach 100. Dermbach un Wiesenthal, wo dat letzte Gefecht tüschen Preußen un Baiern föll, is de armste Gegend in den armen Thüringer Wald, de Lüd' dor herüm hewwen nicks, kein Fleisch un kein Brod, kein Solt und kein Smolt — wie hewwen von Eisenach all Solt henschicken müßt, de Kranken liden Noth an 't Nothwendigste.

In Leipzig is't nich anners. So'n Elend as in Thüringen is't twors nich, de armen Verwundten finden hir gaude Upnam un Pleg; äwer hir kamen 's ümmer frisch von'n Slachtfeld ut Böhmen an, Preußen, Oesterreicher un Sachsen dörchenanner, alle Dag' frischen Nahschub — un wie känen's nu all nah Dusenden tellen. Hir möt noch vel, sihr ve hulpen warden.

So'n Jammer gegenäwer is nich de Red' von Partei un Partei, nich von Fründ un Find, dütsche Landslüd' sünd't allerwegen. Un so hewwen wi twei Meckelnbörger so dacht, wi wullen unsere leiwen Landslüd' up dit Elend henwisen und wullen in alle Gaudheit un Bescheidenheit sei bidden, dat sei ehre millgäwerne Hän'n updeden un uns Giwwt un Gawen inschickten, en Jeder nah sin Kräften. — Süll de Ein oder de Anner von de Herren, an de wi dit Schriwen richten, nich in'n Stan'n dortau sin, 'ne Sammlung tau veranstalten, so bidden wi fründlichst, sei dörch annere brave Lüd' in den Swung tau setten.

Wi dachten uns, dat de ein Hälft von de Gawen in Eisenach, de anner Hälft in Leipzig verwendt warden süll. — Tägert nich tau lang', leiwen Landslüd'. Wenn Ji dit Elend segt, würd' Jug noch wat anners in de Ogen blänkern as blotes Mitled. — Gott mag 't Jug lohnen!

Eisenach, } am 10. Juli 1866. **Fritz Reuter.**
Leipzig, } **Erhard Quandt.**

Mit Rücksicht auf die Entfernung und die Steuerverhältnisse müssen wir einige sonst wünschenswerthe Gegenstände von der Sammlung ausschließen. Wir beschränken daher unsere Bitte um Gaben auf

1) **baares Geld,**
2) **Leinwand** (alte gewaschene und neue) zum Verbinden.

Mögen wir bedenken, daß es sich bei diesem volksthümlichen speciellen Hülferuf Fritz Reuters und Buchhändlers Erhard Quand nicht um politische Hoffnungen handelt, um darnach unsere Gaben zu bemessen, auch nicht darum, ob unsere auf dem Schmerzenslager sich gegenwärtig befindenden deutschen Brüder unter dieser oder jener Fahne gekämpft und geblutet haben, sondern daß wir aus Humanität allen **deutschen** verwundeten und kranken Kämpfern unsere christlich brüderliche Liebe und Theilnahme auch durch die kleinste Gabe bethätigen können und mögen, und deshalb erlaube ich mir meinen Mitbürgern den Vorschlag zu machen, ob mehrere derselben nicht in ihrer Nachbarschaft und bei ihren Freunden und Bekannten sich den Sammlungen in verschlossenen Büchsen unterziehen und von Zeit zu Zeit den Ertrag mir zur weiteren Beförderung nach Leipzig und Eisenach anvertrauen wollen; nur dadurch wird auch den Unbemittelten Gelegenheit gegeben, durch die geringste Gabe sich helfend erweisen zu können. Mögen namentlich Vereine, auch Arbeiter in ihren Werkstätten und auf den Bauplätzen Sammlungen unter sich veranstalten und mir überliefern.

Seit gestern sind eingegangen: Von den Herren: Hoftapezier Willers 1 Rth., Hotelbesitzer Stern 2 Rth. nebst vielen Binden und Charpie, Stadtcassier Winkler 3 Rth. und 6 Bettlaken, Adv. Löwenthal 2 Rth., G. G. 2 Rth., Glasmaler Gillmeister 2 Rth., Casinowirth Schwarzkopf 1 Rth., Hofmusikus Freibier alte Leinwand, G. A. Demmler 5 Rth.; von Frl. Frieda Marnitz 1 Rth. und alte Leinwand, vom Hrn. Adv. Wehmeyer 5 Rth. — Diese dankbarlichst entgegen genommenen Gaben hat bereits abgesendet und bittet, dem Fritz Reuterschen Hülferuf ferner zu entsprechen,

Schwerin, den 13. Julius 1866. **G. A. Demmler.**

„Mecklenburgische Zeitung" Nr. 160 vom 12. Juli 1866

In der Friedens-und Freiheitsliga für die „Vereinigten Staaten von Europa“

Seine antimilitaristische und friedensliebende Haltung brachte ihn im Sommer 1867 an die Seite der bürgerlichen Friedens- und Freiheitsliga. Demmler nahm am Gründungskongreß dieser bürgerlich-pazifistischen Organisation in Genf im September 1867 teil und wurde korrespondierendes Mitglied des Zentralkomites der Liga in Genf. Diese auf Initiative von Garibaldi, Alexander Herzen, Victor Hugo u.a. gebildete pazifistische bürgerliche Organisation trat für die Erhaltung des Friedens in Europa und gegen Kriege und Militarismus auf. Das große Ziel waren die „Vereinigten Staaten von Europa“. So nannte sich auch die Zeitung als Organ der Liga. In Mecklenburg war es wiederum Demmler, der für die Friedens- und Freiheitsliga auftrat, Versammlungen organisierte und Mitglieder warb. Dabei verband er sein Eintreten für die bürgerliche Friedensbewegung mit einer Propagierung der von der internationalen Arbeiterbewegung, der Internationalen Arbeiterassoziation, ausgehenden Friedensbewegung. Demmler hatte zuvor auf dem 2. Kongreß der IAA in Lausanne teilgenommen. Innerhalb der Friedens- und Freiheitsliga stellte sich Demmler auf die Seite jener bürgerlichen Kräfte, die für eine Vereinigung aller demokratischen Kräfte am Friedenskampf eintraten.

Über die Süddeutsche Volkspartei zur Sozialdemokratie

Demmler besaß in jenen Jahren Einfluß, Sympathie und Anerkennung in Kreisen der bürgerlichen Demokratie wie auch in der Arbeiterwegung gleichermaßen. Er stand mit Demokraten wie Johann Philipp Becker in brieflichem Kontakt, besaß politische Verbindungen zu dem Kreis der Berliner Demokraten um Guido Weiß und zur Arbeitervereinsbewegung um Bebel und Liebknecht. Er nahm an Kongressen der Gewerkschafts- und Arbeiterbewegung teil, wie 1868 auf dem 1. Kongreß der Zimmerer in Braunschweig und als Delegierter der Schweriner Maurergewerkschaft an der Generalversammlung der deutschen Maurer und Steinhauer in Leipzig sowie am Vereinstag des Verbandes deutscher Arbeitervereine in Nürnberg. Im September des gleichen Jahres wurde er Mitbegründer der Süddeutschen Volkspartei in Stuttgart. Hier gehörte Demmler zum Kreis der Demokraten, die in der Arbeiterbewegung einen Bündnispartner im Kampf gegen Militarismus und für Demokratie sahen und enge Kontakte zu der von August Bebel und Wilhelm Liebknecht geführten Sächsischen Volkspartei besaßen. Als dann 1869 die Sozialdemokratische Arbeiterpartei gegründet wurde, unterstützte er sie auch mit finanziellen Mitteln. 1870/71 lehnte er die Annexion Elsaß – Lothringens ab, sympathisierte mit den Pariser Kommunarden und wandte sich schließlich gegen die Reichseinigung unter preußischer Führung. Später, 1874, schrieb er zur Reichseinigung: „ Seitdem ich eine politische Ueberzeugung habe, bin ich Förderalist gewesen . . . niemals aber Centralist, am allerwenigsten Anbeter der preußischen Pickelhaube und des durch Blut und Eisen zusammengeschweißten Centralmilitärstaates, dieses vielgepriesenen Luxus, welcher dem deutschen Volke schon jetzt jährlich 115 Millionen Thaler kosten."

An der Seite der Sozialdemokratie

In den Jahren nach der Reichsgründung schloß sich Demmler immer enger der sozialdemokratischen Bewegung an. Er trat auf sozialdemokratischen Wählerversammlungen und in der Presse für die Sozialdemokraten ein. 1873 empfahl er in der „Mecklenburgischen Zeitung" jungen Handwerkern und Arbeitern, neben Werken von Lasalle, sozialdemokratischen Zeitungen wie dem „Neuen Social-Demokraten" und dem „Volksstaat" Werke von Karl Marx als Lektüre. In Arbeiterkreisen Schwerins besaß Demmler ein hohes Ansehen. Als 1873 in der Schweriner Centralhalle eine Versammlung von rund 100 Personen stattfand, ließ man Demmler als „Freund aller Arbeiter" hochleben.

Während der Reichstagswahlen 1873/74 stellte sich Demmler an die Seite der Sozialdemokratie, vertrat auf Wählerversammlungen ihre politischen

Standpunkte, setzte sich in Schwerin in Versammlungen und in der Presse für die Wahl des sozialdemokratischen Kandidaten, des Zimmerers Carl Finn, ein und kandidierte selbst für die Deutsche Volspartei in den Wahlbezirken Altenburg und Eßlingen. Die „Altenburger Zeitung" schrieb anläßlich seiner Kandidatur, daß Demmler in Mecklenburg fast ein Alleinkämpferdasein führe, daß er ein Mann mit einem rastlosem Tätigkeitstrieb sei, ein „Mann von hohem praktischen und theoretischen Wissen und Können", ein „Mann mit politischer Erfahrung, ein wahrer Freund des Volkes". Besonders wurde hervorgehoben, daß er ein „Mann von unbeugsamer Charakterfestigkeit sei" und, daß dies angesichts der „Wetterfahnenpolitiker, der Machthaber und Jasager" außerordentlich wichtig sei. Bei den Reichstagswahlen konnte Demmler als Kandidat der Volkspartei zusammen mit den Sozialdemokraten (beide Parteien waren zusammengegangen) rund 4000 Stimmen auf sich vereinigen. Sein öffentliches Auftreten für die Sozialdemokraten während der Wahlen rief seine politischen Gegner hervor. In der Presse wurde Demmler von liberaler Seite scharf angegriffen, und es gab massiv Versuche, Demmler aus entscheidenden kommunalen Ämtern, wie dem Schweriner Schulvorstand, zu entfernen. In der „Mecklenburgischen Zeitung" erschien im Januar 1874 ein Artikel gegen Demmler. Doch Demmler setzte sich zur Wehr. 1874 erschien seine Schrift „Neues und Altes" mit dem Untertitel „Eine Vertheidigungsschrift.", die Demmlers politisches Bekenntnis für die bürgerliche Demokratie und für die Sozialdemokratie wurde. Offen bekannte er sich hier auch zu dem Programm der Sozialdemokratischen Arbeiterpartei Deutschlands (den Eisenachern). Er schreibt dort: „Wenn Sie diese verschiedenen Programme gründlich studieren, so werden Sie finden, daß zur Verwirklichung dieser Bestrebungen der Weg zwar noch weit, aber jedenfalls nicht weiter ist, wie der war, den wir bis zur Einheit der deutschen Nation mit Ausschluß Deutsch-Österreichs bisher zurückgelegt haben. Den Weg zur Freiheit hat Ihre Partei noch nicht betreten, dazu fehlt derselben das höhere Ideal, der ausdauernde energische Wille, der Opfermuth. Hiernach hat nur die Socialdemokratie eine Zukunft, sie wird auch, wenn ihre Zeit gekommen ist, für die Beseitgung des Parlamentarismus und für directe Volksabstimmung mit Initiative eintreten."

Zur Reichstagswahl.

Der von der liberalen Partei Mecklenburgs beim Reichstag eingebrachte und mit 174 gegen 62 Stimmen angenommene bekannte Büsingsche Antrag lautet:

In jedem Bundesstaat muß eine **aus Wahlen der Bevölkerung** hervorgehende Vertretung bestehen 2c.

Nun hat aber der von **derselben Partei** aufgestellte Reichstagskandidat Herr Bürgermeister Haupt zu Wismar in seiner in der Tonhalle gehaltenen Kandidatenrede sich über die künftige Vertretung Mecklenburgs dahin ausgesprochen:

Für die Bildung einer solchen Vertretung werden Wahlen der Bevölkerung immer ein maßgebender Faktor bleiben, wenn sie auch nicht lediglich aus Wahlen hervorzugehen hat. Denn daß auch stabilere Elemente, als der große Grundbesitz, die Magistrate der hervorragenden Städte in der Landesvertretung ihren Platz finden, darauf führen nicht nur die geschichtlich gegebenen Verhältnisse, sondern auch eine verständige Staatskunst hin 2c. 2c.

Wie sehr groß der Widerspruch ist, womit sich der Herr Kandidat zu den Principien und Forderungen der liberalen Partei des Landes befindet, braucht nicht weiter nachgewiesen zu werden, es genügt die Thatsache, daß derselbe eine **Interessen-** und eine **obrigkeitliche** Vertretung in den Vordergrund gestellt hat, und womit derselbe also im Jahre des Heils 1874 sich im wesentlichen immer noch auf dem Boden des

landesgrundgesetzlichen Erbvergleichs vom Jahre 1755

befindet und hiernach mehr ein empfehlenswerther Kandidat für die **konservative** als für die **liberale** Partei sein würde.

Sehen wir daher von dem Wismarschen Herrn Bürgermeister ab und wählen wir, die liberalen und fortschrittlichen, die demokratischen und die socialdemokratischen Männer des 2. Wahlkreises am 10. d. M. einmüthig

den Zimmerer Herrn Finn aus Berlin,

welcher uns nach seiner in der Centralhalle hieselbst gehaltenen Wahlrede eine ungleich größere Garantie giebt, als der Herr Bürgermeister Haupt von Wismar, stoßen wir uns nicht daran, daß Herr Finn **nicht zu den studirten** Leuten gehört und „oh Schrecken" sogar **Socialdemokrat** ist, die Socialdemokraten sind aber so arge böse Leute nicht, wenn man sie nur erst näher kennen lernt, ohnehin liegt ihr endliches Ziel noch in sehr weiter Ferne.

Schwerin, den 4. Januar 1874.

G. A. Demmler.

Artikel Demmlers in der „Mecklenburgischen Zeitung" vom Januar 1874

Sozialdemokratischer Abgeordneter im Deutschen Reichstag

1876 wurde Demmler auf Vorschlag der Sozialdemokraten als Kandidat zu den Reichstagswahlen für den VI. Wahlkreis in Mecklenburg und den 13. sächsischen Wahlkreis Leipzig-Land aufgestellt. Trotz seines hohen Alters nahm er beide Kandidaturen an. Während er in seinem Heimatland nicht die Stimmenmehrheit erringen konnte, trug er in Leipzig-Land den Wahlsieg davon. Mit 9 420 Stimmen wurde der Hofbaurat Demmler von den Wählern im 13. sächsischen Wahlkreis mit überwiegender Mehrheit zum Abgeordneten der Sozialdemokratie in den Deutschen Reichstag gewählt. Damit gehörte er zu jenen deutschen Sozialdemokraten, wie Wilhelm Fritzsche, August Hasenclever, Johannes Most, Julius Motteler, August Bebel, Ignaz Auer, Wilhelm Liebknecht, Wilhelm Bracke u. a., die 1877 mit großen Wahlerfolgen in den Deutschen Reichstag zogen. In einem Alter von 73 Jahren trat Demmler in den Kreis der Sozialdemokraten im Reichstag, die die parlamentarische Bühne nutzten, um hier soziale und politische Rechte insbesondere für Arbeiterinteressen zu erstreiten.

Demmler hatte im Deutschen Reichstag den Platz Nr. 374 neben Bebel und Hasenclever inne. Während der Reichstags- und Fraktionssitzungen wohnte er in Berlin in der Leipziger Straße. Wie August Bebel in seinen Erinnerungen berichtet, hatte Demmler die Gepflogenheit, vor seiner Abreise zum Reichstag nach Berlin sich stets bei dem Großherzog zu verabschieden. Dieser soll dann geäußert haben: „Ich wünsche Ihnen glückliche Reise, aber, lieber Demmler – und dabei erhob er lächelnd den Finger –, machen Sie es in Berlin nur nicht zu arg.“

Sozialistengesetz, Hetze und Ruhestand

Nach dem Sozialistengesetz 1878 warf man in Schwerin dem alten Herrn Hofbaurat Demmler die Fensterscheiben seines Hauses ein. Auch war er verstärkt Hetze und Verleumdungen ausgesetzt. Demmler zog sich darauf-

Zeitgenössisches Blatt (links unten Demmler aus Schwerin)

hin aus dem öffentlichen politischen Leben zurück und lehnte auch eine nochmalige Reichstagskandidatur für die Sozialdemokratie ab. Seine politischen Feinde frohlockten und sahen in diesem Schritt Demmlers endgültige Abkehr von der Sozialdemokratie. Das Zentralorgan der deutschen Sozialdemokratie „Der Sozialdemokrat" schrieb über Demmlers Mandatsniederlegung: „ Genau das Gegentheil ist der Fall. Er (Demmler) sah Stürme und Kämpfe voraus, denen, wie er sich ausdrückte nur Männer mit jugendlichem Körper gewachsen seien, und er wollte im Kampfe nicht ein Hinderniß sein, nicht den Jüngeren den Weg versperren."

Seinen Idealen treu bis an sein Lebensende

Nach der in Hamburg erschienenen „Bürger-Zeitung" verfolgte der alte Demmler „mit der ihm eigenen geistigen Frische alle Vorgänge im öffentlichen Leben „ und „ unerschütterlich, treu und fest stand er zur Sache des arbeitenden und werktätigen Volkes". Demmler unterstützte auch unter dem Sozialistengesetz die Sozialdemokratie. Er stellte weiterhin finanzielle Mittel zur Unterstützung von verfolgten Parteigenossen und deren Familien, zum Druck von illegalen Schriften und für die politische Arbeit zur Verfügung. 1881 wurde auch seine bereits 1874 erschienene politische Streitschrift „ Neues und Altes" Opfer des Sozialistengesetzes. Bei einer Haussuchung in Breslau hatte die Polizei seine Schrift gefunden, die daraufhin mit Anweisung des Königlichen Polizeipräsidiums in Breslau an die Großherzogliche Mecklenburgische Regierung verboten wurde. In seinem Brief an das Ministerium des Innern vom Januar 1881 lehnte sich der nunmehr schon 78jährige Demmler gegen das Verbot auf, bekannte sich aber offen zu den in seiner Schrift geäußerten politischen Standpunkten. Er schrieb dort u.a., daß er es nicht verstehen könne, daß seine Schrift „den öffentlichen Frieden und die Eintracht der Bevölkerungsclassen gefährde. . ., während doch täglich in allen Zeitungen, selbst den regierungstreulichsten die hier verbannten Reden eines Louise-Michel und anderen Amnestirten; welche zu Tod und Verderben allen bestehenden Staats- und Gesellschaftsordnungen auffordeten, abgedruckt werden."

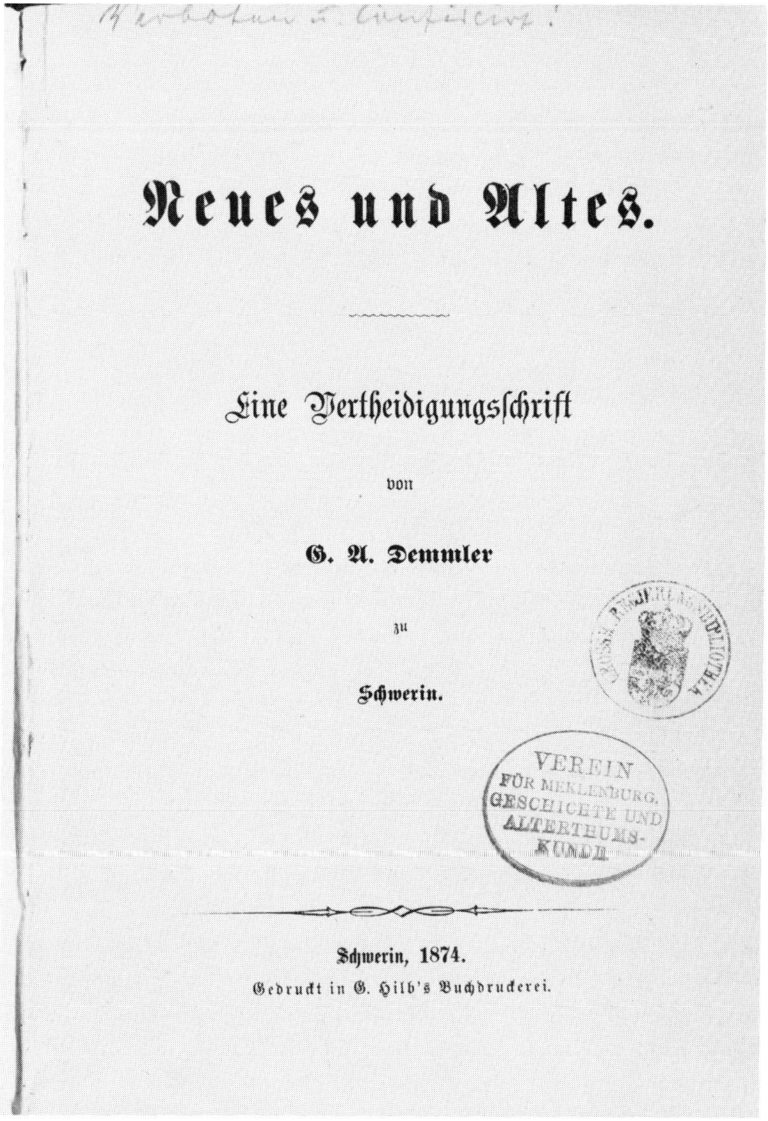

Verboten u. confiscirt!

Neues und Altes.

Eine Vertheidigungsschrift

von

G. A. Demmler

zu

Schwerin.

Schwerin, 1874.

Gedruckt in G. Hilb's Buchdruckerei.

Demmlers Schrift mit dem Vermerk des Verbots von 1881

Letzte Lebensjahre in Schwerin

Seine letzten Lebensjahre verbrachte Demmler vorwiegend in Schwerin. Am 2. Januar 1886 starb er hier im 82. Lebensjahr.
Die Begräbnisfeierlichkeiten gestalteten sich zu einer würdigen Anerkennung seiner Persönlichkeit und seines unermüdlichen Streitens für fortschrittliche und demokratische Verhältnisse und für Arbeiterinteressen. Die Hamburger „Bürger-Zeitung" vom 8. Januar 1886 berichtete: „. . . Schon um 9 Uhr sammelten sich in den verschiedenen Vereinslokalen und Herbergen die Arbeiter der verschiedenen Gewerke und gegen 10 Uhr ordnete sich der imposante Zug vor dem Sterbehause, dem am Pfaffenteich herrlich gelegenen Palais des Verstorbenen. Die Baugewerke mit ihren Fahnen und einem Musikkorps eröffneten den Zug, dann folgten der Leichenwagen mit dem mit Kränzen über und über behangenen Sarge, hinter welchem sich die Verwandten und verschiedene Leidtragende, darunter u.A. der Bürgermeister Geheime Hofrath Bade, anschlossen. Hierauf kamen die Deputationen der Maurer und Zimmerer aus Hamburg und Altona, denen sich Vertreter der sozialdemokratischen Partei aus Schwerin, Rostock, Güstrow, Sternberg und Wismar anreihten. Den Zug schlossen die Fachvereine der Tischler, Schuhmacher und Schneider, welche ebenfalls mit ihren Fahnen und Emblemen erschienen waren. Ein reicher Schmuck an Kränzen und Palmenzweigen mit weißen und rothen Schleifen wurden im Zug mitgeführt." Links und rechts der Straße hatte sich eine riesige Menschenmenge eingefunden „ ganz Schwerin war auf den Beinen, um den Dahingeschiedenen, von hoch und niedrig geachteten Todten die letzte Ehre zu erweisen." Die Zeitung berichtet weiter: „. . . die näheren Parteigenossen des Verstorbenen trugen rothe Blumen im Knopfloch, und mancher ehrbarliche Spießbürger mag ein leises Gruseln empfunden haben ob all der roth geränderten Knopflöcher, die es da zu schauen gab. . .". Die Trauerfeierlichkeiten wurden streng von der städtischen Polizei überwacht. Ignaz Auer, Mitglied des sozialdemokratischen Reichstagsfraktion, wurde während der Trauerrede mehrfach von der Gendarmerie unterbrochen und zur Ordnung gerufen. In der Grabkapelle auf dem alten Friedhof in Schwerin fand Demmler seine letzte Ruhestätte. In zahl-

Die Demmler'sche Grabkapelle auf dem Alten Friedhof in Schwerin.
1863 errichtet. Mit Freimaurersymbolen versehen.

reichen deutschen Zeitungen erschienen Nachrufe auf ihn und der „Sozialdemokrat“, das in Zürich illegal erschienene Organ der deutschen Sozialdemokratie erklärte, daß die Sozialdemokratie stets „den Namen Georg Adolph Demmler in Ehren“ halten werde.

Demmlers Testament

Selbst in seinem Testament gedachte Demmler noch der Schweriner Arbeiter und der unbemittelten Schichten. Er hatte dort festgelegt, daß die Schweriner Zimmer- und Maurergewerke je 1000 Mark jährlich aus der von ihm begründeten Familienstiftung für die Unterstützung alter und zur Arbeit unfähig gewordener Arbeiter erhalten sollten. Daneben sollten sie jährlich eine Summe von 500 Mark für die Veranstaltung eines „Arbeiterverbrüderungsfestes“ erhalten. Dieses Fest sollte nach dem Wunsch Demmlers alljährlich am 27. August, dem Tag des Richtfestes des Schweriner Schlosses, stattfinden.

Doch diese Gelder haben die Gewerke niemals – trotz gerichtlicher Klage – erhalten. Die Erben und auch der Magistrat waren nicht bereit, den Fachvereinen (die zudem sozialdemokratisch waren) diese Gelder zu bewilligen, und die Maurer und Zimmerer hatten sich nicht mit der Bedingung, das Geld vom Magistrat verwalten zu lassen, einverstanden erklärt.

So wurde Demmlers Vermächtnis für die Schweriner Maurer und Zimmerer nicht erfüllt. Dagegen kamen die ebenfalls in seinem Testament und in den Statuten der Familienstiftung festgelegte Bildung von Armenstiftungen für die Städte Schwerin und Güstrow zustande, die dann in den 30er Jahren unseres Jahrhunderts aufgelöst wurden.

Büste Demmlers auf dem Demmlerhof in Schwerin.
(Bildhauer unbekannt)

Ein Zeitgenosse und Freund Demmlers, Johann Friedrich Rogge, über G.A. Demmler:

„Ein unruhiger Geist,
genial, excentrisch,
immer schaffend und strebend
und von den Ideen der Neuzeit
mächtig angeregt, vertiefte er
sich in diese mehr und mehr und
wünschte, ihnen Leben und Gestalt
zu verleihen.
Dadurch gerieth er unter die
Arbeiter, deren Lebensloos er
besser und menschenwürdiger
gestalten wollte.
Seine Absichten waren stets edel
und uneigennützig, nur mochte er
nicht einsehen, daß die Welt zu
ihrer Verwirklichung noch geraumer
Zeit bedürfen wird, wenn sie sich je
verwirklichen läßt . . . “.

*Medaillon aus weißem Marmor mit Porträt Demmlers.
Von dem Schweriner Bildhauer Brunow 1886 geschaffen.
Befindet sich in der Demmler'schen Grabkapelle.*

Zeittafel

22. 12. 1804	In Berlin geboren. Bis zum 9. Lebensjahr hier aufgewachsen.
1813–1819	Besuch des Güstrower Gymnasiums
1819–1823	Studium an der Berliner Bau- und Kunstakademie
1821	Immatrikulation an der philosophischen Fakultät der Berliner Universität. Mitglied der geheimen Burschenschaft.
1823	Bewerbung bei der Königlichen Regierung in Potsdam um eine Anstellung als Feldvermesser. Nimmt Stellung nicht an, da er der preußischen Militärdienstpflicht nachkommen mußte. Der Vater dies aber ablehnt.
1823	Bewerbung beim Großherzog von Mecklenburg- Schwerin und Anstellung als Baukondukteur.
ab 1824	Rege Bautätigkeit Demmlers. Übertragung größerer staatlicher und großherzoglicher Bauten.
ab 1826	Mitglied der Freimaurerloge
ab 1830	Lehrtätigkeit an der Sonntagsschule für Handwerkslehrlinge in Schwerin
1832	Ernennung zum Baumeister. Im gleichen Jahr Ableben seiner Eltern.
1832/33	Längere Kunstreise

1833	Verlobung und Heirat mit Henriette Zickermann aus Schwerin.
1835	Ernennung zum Landbaumeister
1837	Berufung zum Hofbaumeister
ab 1837	Übertragung repräsentativer Bauten in Schwerin wie Marstall, Arsenal u.a.
1841	Verleihung des Titels Hofbaurat
1842/43	Wohnhausbau am Schweriner Pfaffenteich
1845	Übertragung des Auftrages zum Aus- und Umbau des Schweriner Schlosses
ab 1845	Mitglied des Schweriner Bürgerausschusses
1845–1851	Bauleiter des Schweriner Schlosses
1848/49–50	Stärkeres politisches demokratisches Wirken
1850	Eintreten für das Staatsgrundgesetz von 1849
1850–1851	Auseinandersetzung mit seiner Dienstbehörde und dem Großherzog wegen seines politischen Wirkens.
Januar 1851	Entbindung als Schloßbaumeister und Entfernung aus der Schloßbaukommission
Juni 1851	Entlassung aus dem großherzoglichen Dienst

1851–1857	Aufenthalt im Ausland, u.a. in England, Italien und Frankreich
1857	Rückkehr nach Schwerin. Erneute Wahl in den Bürgerausschuß. Wiederaufnahme seines Verfassungskampfes und seines Wirkens für gesellschaftliche Reformen im Lande.
nach 1857	Kommunales und politisches Wirken
1859	Mitbegründer des Deutschen Nationalvereins
1861	Wahl zum Vorsitzenden des mecklenburgischen Gewerbevereins
1863	Mitglied der Schweriner Schuldeputation. Eintreten besonders für die Verbesserung des Volksschulwesens.
1867	Teilnahme an der Gründung der bürgerlich-pazifistischen Friedens- und Freiheitsliga in Genf
1867	Teilnahme am Kongreß der Internationalen Arbeiterassoziation in Lausanne
1868	Auf dem Vereinstag des Verbandes deutscher Arbeitervereine in Nürnberg vertreten.
	Als Delegierter der Schweriner Maurer Teilnahme an der Generalversammlung der deutschen Maurer und Steinhauer in Leipzig.
	Teilnahme am 1. Kongreß der Zimmerer Deutschlands in Braunschweig. Fordert Anschluß an die Internationale Arbeiterassoziation.

1868	Petition an den Norddeutschen Reichstag zur Wiedereinführung des Staatsgrundgesetzes von 1849
1868	Mitbegründer der Süddeutschen Volkspartei in Stuttgart
1869	Von Demmler ausgearbeitete Petition der Schweriner Maurer und Zimmerer an den Norddeutschen Bund mit der Forderung nach Abschaffung des Zunftgesetzgebung und des Koalitionsverbotes für Arbeiter.
1870/71	Ablehnung des Krieges mit Frankreich und der Annexion Elsaß-Lothringens. Sympathisieren mit der Pariser Kommune.
1873/74	Kandidatur für den Deutschen Reichstag
1874	Öffentliches Eintreten für die Sozialdemokratie
1874	Politische Verteidigungsschrift „Neues und Altes" erscheint.
1876/77	Kandidatur für die Sozialdemokratie in zwei Wahlkreisen. Vom 13.sächsischen Wahlkreis Leipzig-Land zum sozialdemokratischen Abgeordneten in den Deutschen Reichstag gewählt.
1878	Nach dem Sozialistengesetz Ablehnung einer nochmaligen Kandidatur. Zurückziehen aus dem öffentlichen politischem Leben.
2. Januar 1886	In Schwerin im Alter von 81 Jahren verstorben.

Übersicht von Demmlerbauten
(Auswahl)
alphabetisch nach Orten geordnet

Berlin

1872	Beteiligung am Architekturwettbewerb für ein Reichstagsgebäude

Dobbertin

1828/1851	Umbau der dortigen Klosterkirche nach Plänen Karl Friedrich Schinkels.

Dömitz

1849/50	Umbau einiger Gebäude auf der Festung Dömitz

Güstrow

1827/29	Entwürfe für das Schauspielhaus, das gleichzeitig als Wollmagazin dienen sollte. Ältester erhaltener Theaterbau Mecklenburgs. Heute Ernst-Barlach-Theater.
1832	Grabmal für den im gleichen Jahr verstorbenen Vater auf dem Cholerafriedhof vor dem Mühlentor (heutiger Gertrudenfriedhof)

Hamburg

1857	Beteiligung am Wettbewerb für den Neubau des Rathauses.

Heiligendamm

1840	Bau des Hauses „Burg“ und Bau der Sommervilla für Großherzogin Alexandrine (heute Haus „ Weimar“).

Ludwigslust

1835	Pläne für Bühne und Zuschauerraum im Reithaus (wurden nicht ausgeführt).
	Bühne im Tanzsaal der Sozietätsgesellschaft.
1841	Bau der Kavallerie-Pferdeställe, von Kasernen, eines Schulhauses, von Schlafsälen im Lehrerseminar und des großen Küchengebäudes am Schloß.
1842	Pläne für ein Gymnasium (nicht ausgeführt).
um 1844	Bau der Wache am Schloßplatz. Ähnlich wie Torhausbauten in Schwerin.
1849/51	Gestütsbauten

Bad Doberan

1827	Bau einer Tribüne an der Rennbahn
1835	Entwurf für den Sarkophag Friedrich Franz I. in der Klosterkirche. Ist in der Schweriner Schleifmühle hergestellt worden.
1841	Dekorationen im Theater
1844	Pläne für ein Schießhaus

Parchim

1843 Entwurf für Grabmal für den Baron von Nettelbladt auf dem Alten Friedhof. (Nicht mehr vorhanden.)

Penzin
(Kreis Sternberg)

1831 Gutsanlage und Bauten für Friedrich von Flotow.

Ribnitz-Damgarten

1841/43 Turm für die Ribnitzer Stadtkirche (hölzerner Turmaufsatz).

Rostock

1840/41 Entwürfe für das ehemalige Oberappellationsgericht (Zoologisches Institut), Universitätsplatz 2

1844 Neues Museum (Institute), Universitätsplatz 1 a

Schwerin

1823 Vermessungsarbeiten für den Bau des Nebel-Warnow-Kanals, Riß zu einer hölzernen Brücke bei Malchow, Vermessung der Boize bei Boizenburg.

1823 Entwurf zum Regierungsgebäude und Ausführung unter Demmlers Bauleitung von 1825-1834

1825 Chausseebau über den Spieltordamm nach der Mac Adamschen Methode. Beginn des modernen Straßenbaues in Mecklenburg.

1825	Plan für die Nervenheilanstalt auf dem Sachsenberg. Heutige Hauptgebäude der Nervenklinik nach Demmlers Plänen von 1827–1830 errichtet.
1830	Gebäude für die Tierarzeneischule
1832	Interimstheater auf der Südseite des Alten Gartens (nach 1836 abgebrochen).
1834	Umbau des Domkreuzganges zum Gymnasium
1834/35	Neubau der Fassade des Altstädtischen Rathauses
1832–1836	Errichtung des großherzoglichen Schauspielhauses am Alten Garten nach Plänen Demmlers. 1882 abgebrannt.
1837	Ausbau mehrerer Häuser in der Ritterstraße. Errichtung des Kommandantenhauses an der Ecke der heutigen Bischofstr.
1837–1842	Bau des Marstalls auf der Wadewiese. Technische Meisterleistung Demmlers.
1837/38	Umbau der Justizkanzlei in der Schelfstraße 35
1838	Neubau des Kavalierhauses und Umbauarbeiten am Grünhaus im Schloßgarten
1839	Neubau des Theatermagazins
1839/40	Neubau des Städtischen Krankenhauses in der heutigen Werderstraße. Eine der ersten Krankenhausneubauten in Mecklenburg.

1840–1844	Neubau des Arsenals am Pfaffenteich
1841	Umbau des Domanialkrankenhauses zu einer Kadettenanstalt in der Bergstraße 29
1842	Bau seines Wohnhauses am Pfaffenteich
1840/41	Entwürfe für einen Palaisbau am Alten Garten.
1842	Beginn der Bauarbeiten für das Palaisgebäude. Nach dem Tod des Großherzogs Paul Friedrich 1842 verlangsamt – und 1843 eingestellt. 1877/82 entstanden nach Plänen Willebrands auf den rohbaufertigen Teilen das Galeriegebäude (heute Museum).
1842 –1845	Entwürfe für den von Friedrich Franz II. geplanten Um- und Neubau des Schweriner Schlosses
1845	Baubeginn des Schweriner Schlosses. Bis 1851 Schloßbaumeister.
1843	Bau des „Hotel du Nord" in der Schloßstraße 12
	Überwölbung des Fließgrabens zwischen Pfaffenteich und Schmiedestraße
1844	Umgestaltung der Heiligen-Bluts-Kapelle im Dom zur großherzoglichen Begräbnisstätte.
1844–1846	Bau eines Munitionsdepots am Faulen See
1840–1848	Bau der Torhäuser im Zusammenhang mit der Errichtung eines Akzisewalls. Güstrower, Berliner, Wittenburger, Lübecker und Wismarsche Torhäuser.

1844	Plan für die gärtnerische Anlage auf der Schloßinsel
1847	Bau von Wohnhäusern am Bahnhof
1849	Entwurf für Sockel zum Paul-Friedrich-Denkmal. Wurde in der Schweriner Schleifmühle hergestellt. Das Denkmal stand ursprünglich am Alten Garten vor dem Museum und steht heute vor dem Schweriner Schloß an der Burgseeseite.
1849/51	Gestütsbauten in Raben Steinfeld bei Schwerin
1858	Projekte zur Verlängerung der Werderstraße bis zum Alten Garten
1862/63	Stadterweiterungsplan für Schwerin, Demmler'sche Grabkapelle auf dem Alten Friedhof.
1870	Erweiterungsbauten am alten Schauspielhaus
1870/72	Bau von Quartierhäusern am Wittenburger Tor, in der damaligen Karlstraße und am Güstrower Tor.

Wittenburg

1851	Entwurf für das Wittenburger Rathaus

Wustrow

1847	Navigationsschule

Zusammengestellt nach der Übersicht von Horst Ende und Dieter Zander in „Georg Adolph Demmler, 1804–1886", Schwerin 1986

Schauspielhaus Güstrow, 1827/29

Grabmal für den Vater Demmlers auf dem Gertrudenfriedhof in Güstrow, 1832 von Demmler entworfen

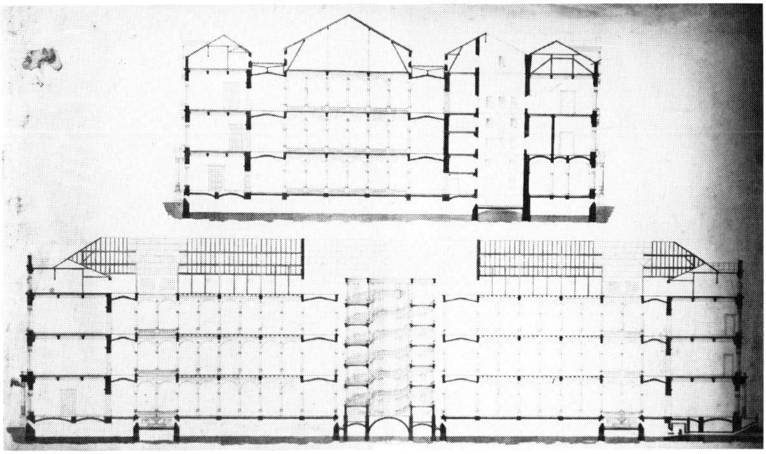

Entwurf zum Hamburger Rathaus, 1857

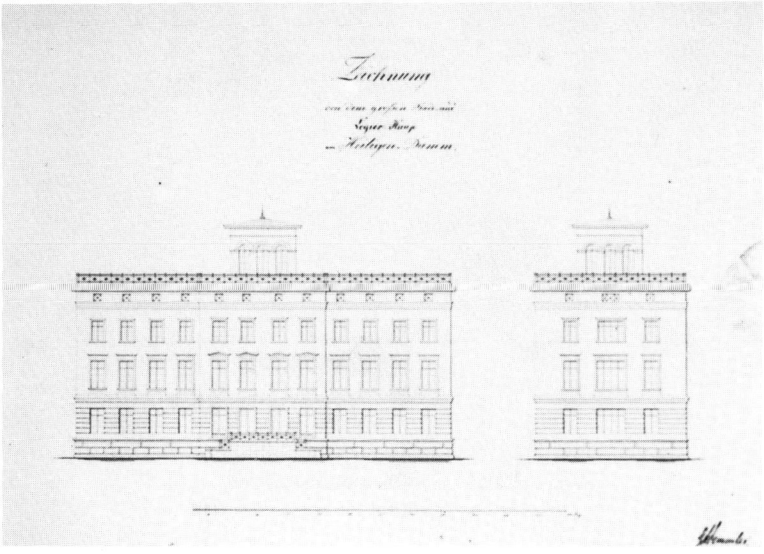

Zeichnung Demmlers vom Logierhaus in Heiligen Damm

Lehrerseminar, Ludwigslust

Kavallerie-Kaserne, Ludwigslust

Kavallerie-Stall, Ludwigslust
Details aus dem zeigenössischen Stich von
G. Täubert

Wache am Schloßplatz in Ludwigslust, um 1844

Marstall in Ortkrug, 1836

Der ehemalige Blücherplatz in Rostock, um 1844.
Links ein Demmlerbau.

Demmlers Entwurf für das geplante Palaisgebäude am Alten Garten in Schwerin, 1840/41. 1842 Beginn der Bauarbeiten; ein Jahr später eingestellt. Auf den Grundmauern entstand 1877/82 nach Plänen Willebrands das heutige Museums- und Galeriegebäude.

Paul-Friedrich-Denkmal, Alter Garten Schwerin.
Sockel 1849 von Demmler entworfen und in der Schweriner
Schleifmühle hergestellt.

Das Greenhouse. Neubau des Kavaliershaus und
Umbauten 1838 von Demmler. Gußeiserne Brücke von 1840.

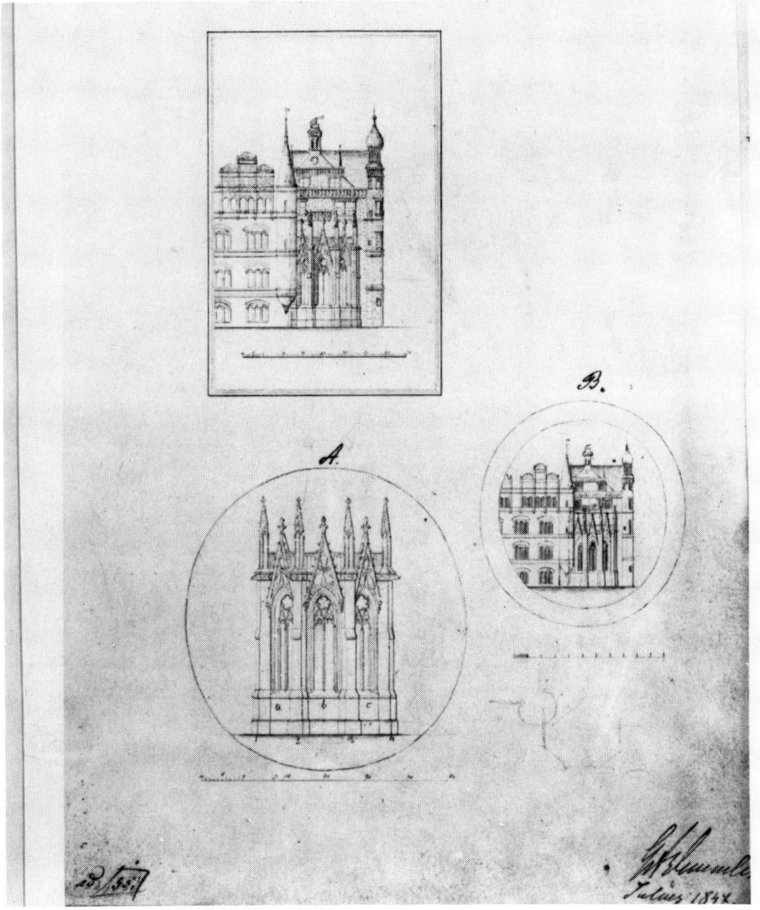

Entwürfe Demmlers für ein Signet der Schloßkirche Schwerin, 1847

Die Heilige-Bluts-Kapelle im Schweriner Dom.
1844 von Demmler zur großherzoglichen
Grablege umgebaut.

Wohn- und Sterbehaus Demmlers am Schweriner Pfaffenteich, Arsenalstraße, 1842 errichtet.

Wohnhäuser am Bahnhof in Schwerin, nach Plänen Demmlers 1847 erbaut.

Das Güstrower Tor

Das Lübecker Tor
(existiert nicht mehr)

Das Berliner Tor

Der hölzerne Turmaufsatz der Ribnitzer Stadtkirche entstand 1841/43 nach Plänen Demmlers

Das Rathaus in Wittenburg. 1850/52 nach Plänen Demmlers erbaut.

Quellen- und Literaturhinweise

– Actenstücke betreffend die Dienstentlassung des Hofbauraths Demmler in Schwerin nebst einigen an diesen Fall geknüpften Bermerkungen über die Stellung der Staatsdiener im Großherzogtum Mecklenburg-Schwerin
Hoffmann & Campe, Hamburg 1851
– Demmler, Georg Adolph
Einige Notizen aus meinem Leben. Handschriftliche Abschrift des Demmlerschen autobiographischen Manuskriptes von seinem Neffen Ad.Demmler bis 1861
Mecklenburgisches Landeshauptarchiv Schwerin
– Demmler, Georg Adolph
Der Erweiterungs- und Verschönerungsplan der Residenzstadt Schwerin in seiner Entstehung und geschichtlichen actenmäßigen Entwicklung von 1862 bis Ende August 1866
A.Hildebrand, Schwerin 1866
– Demmler, Georg Adolph
Neues und Altes. Eine Vertheidigungsschrift.
Hilb's Buchdruckerei, Schwerin 1874
– Georg Adolph Demmler
1804–1886
Beiträge zu seinem Leben und Wirken anläßlich seines 100. Todestages
Schwerin 1986
– Mertelmeyer, Bruno
G.A.Demmler, 1804–1886, Die Autobiographie eines großen Baumeisters
Bärensprungsche Hofbuchdruckerei, Schwerin 1914
– Krempien, Margot
Georg Adolph Demmler
1804–1886
Hofbaurat und Sozialdemokrat
Schweriner-Reihe, Schwerin 1982

Diplomarbeit und Dissertation der Autorin über G.A.Demmler.
Archivalien des Stadt- und des damaligen Staatsarchives und heutigen Mecklenburgischen Landeshauptarchivs, der Staatsarchive in Potsdam und Dresden, des Archivs der Humboldt Universität zu Berlin und weiterer Archive des In- und Auslandes.

Autor

Margot Krempien, Jhg. 47, gelernter Buchhändler, Historiker und Verlegerin. War von 1972–1989 im Historischen Museum Schwerin tätig. Gab dort u.a. die heimatgeschichtliche Schriftenreihe „Schweriner Blätter" mit heraus und veröffentlichte andere Publikationen zur Landesgeschichte Mecklenburg-Vorpommerns. 1989 Abschluß der Promotion an der Humboldt-Universität zu Berlin mit einer politischen Biographie Demmlers. Gründete im März 1990 in Schwerin den Demmler Verlag, der sich der Kultur- und Landesgeschichte Mecklenburg-Vorpommerns widmet.

Im Demmler-Verlag bisher erschienen:

Rolf Reinicke

RÜGEN
STRAND & STEINE

Mit Fotos von Rolf Reinicke
80 S., 40 s/w-, 7 Farbfotos, Titelblatt farbig
14,80 DM, ISBN 3-910150-02-0

Im Mittelpunkt dieses kleinen Buches steht die reizvolle Kreideküste von Rügen. Auf populäre Weise beschreibt der Autor Fundorte und Fundmöglichkeiten sowie das Sammeln und Bestimmen von Versteinerungen (Fossilien) auf der Insel Rügen und der Insel Hiddensee. Das Buch ist nicht nur ein geologischer Streifzug durch die Insel Rügen, sondern bringt dem Leser auch die landschaftlichen Besonderheiten und Schönheiten dieser größten Insel Deutschlands näher.
Ein Buch nicht nur für Gesteinesammler, sondern für alle, die an der Natur und insbesondere an Rügen interessiert sind.

Anni und Herbert Ewe

STRALSUND UND UMGEBUNG
Ein Reiseführer

Mit Fotos von Günter Ewald und Rolf Reinicke
160 S., 56 s/w-, 12 Farbfotos, Titelblatt farbig
19,80 DM, ISBN 3-910150-03-9

Dieses Buch ist ein sachkundiger Reise- und Wegbegleiter durch die interessante, an Kultur- und Kunstschätzen so reichhaltige Hansestadt Stralsund und Umgebung. Hinweise über Ausflüge in die nähere und weitere Umgebung wie auf die Insel Rügen und Hiddensee, zahlreiche Informationen sowie Kartenmaterial geben dem Besucher und Touristen gute Orientierungshilfen und Anregungen zum Kennenlernen dieser altehrwürdigen Stadt und ihrem Umland.

Heinz Lehmann

RÜGEN

Von Arkona – Zudar

Mit Fotos von Günter Ewald und Rolf Reinicke
136 S., 38 s/w-Fotos, Titelblatt farbig, 14,80 DM
ISBN 3-910150-04-7

In alphabetischer Reihenfolge stellt der Autor die landschaftlich und kulturgeschichtlich interessante Insel Rügen vor. Land und Leute werden dem Leser nähergebracht. Es ist nicht nur ein kleines Nachschlagewerk, sondern zugleich Unterhaltungslektüre für Besucher, Touristen und auch für Einheimische sowie für alle, die Rügen lieben.

RÜGEN

SAGEN UND GESCHICHTEN

Ausgewählt und herausgegeben von Heinz Lehmann
Mit Fotos von Günter Ewald und Rolf Reinicke
104 S., 28 s/w-Fotos, 12,80 DM
ISBN 3-910150-01-2

Das Büchlein enthält eine Auswahl von Sagen und Geschichten der Insel Rügen und Hiddensee wie z. B. Sagen vom Königsstuhl, Burgwallsagen oder die bekannte Hertasage und die von dem legendären Klaus Störtebeker. Auch von den Schätzen des Klosters Hiddensee wie von den Unterirdischen von Vitte erfährt der Leser. In gut lesbarer Form wird ein Stück Kulturgeschichte dieser Ostseeinseln vermittelt. Eine unterhaltsame und zugleich vermittelnde Lektüre zum Kennenlernen von Land und Leuten.

WAPPEN

Mecklenburg-Vorpommerns

Postkarten nach historischen Vorlagen in Zusammenarbeit mit dem Mecklenburgischen Landeshauptarchiv.
Gestaltung: Heinz Kippnick
Text: Karl-Heinz Steinbruch

MUSEUMSFÜHRER
MECKLENBURG-VORPOMMERN

Wolf Karge, Klaus Kartowitsch, Ursela Schmidt
Herausgegeben vom Museumsverband in Mecklenburg-Vorpommern e. V.

197 S., 42 Farbfotos, 82 s/w-Fotos, Titelblatt farbig,
Preis: 19,80 DM
ISBN 3-910150-05-5

Erstmals liegt mit diesem Buch ein Führer durch alle Museen, Heimatstuben und Gedenkstätten von Mecklenburg-Vorpommern vor. Rund 100 an der Zahl sind es, die sachkundig, informativ und zugleich unterhaltsam mit ihren Ausstellungen und Sammlungen vorgestellt werden. Eine Darstellung zur Geschichte des Museumswesens gibt zugleich Einblick in die Entwicklung der Museenlandschaft in Mecklenburg-Vorpommern vom Ausgang des 18. Jahrhunderts bis zur Gegenwart. Verkehrstechnische Hinweise erleichtern das Auffinden der Museen.

Erika und Jürgen Borchardt
MECKLENBURGS HERZÖGE
Ahnengalerie Schloß Schwerin

122 S., 35 Farbfotos, Titelblatt farbig,
ISBN 3-910150-07-1

In diesem Buch werden die in der Ahnengalerie des Schweriner Schlosses in Gemälden festgehaltenen regierenden Herzöge von Mecklenburg vorgestellt. Vom ersten Herzog Albrecht II. (1318–1379) bis zum letzten Herzog Ludwig (1725–1778) werden die mecklenburgischen regierenden Fürsten und zum Teil auch ihre Gemahlinnen in Wort und Bild dem Leser nahe gebracht. Neben Lebensdaten, Angaben zur Regierungszeit, geschichtlichen Daten erfährt der Leser Wissenswertes und so manche Episode aus dem Leben und Wirken der Herzöge. Das Buch vermittelt nicht nur Einblicke in ein halbes Jahrtausend mecklenburgischer Fürstengeschichte, sondern ist zugleich ein Führer durch die Ahnengalerie des Schweriner Schlosses.

In Vorbereitung:

Jürgen Borchert
150 SCHWERINER
Persönlichkeiten aus der Kulturgeschichte

Der Schweriner Autor, Jürgen Borchert, bekannt vor allem durch seine „Mecklenburgischen Zettelkästen", stellt in diesem Buch in alphabetischer Reihenfolge Schweriner Persönlichkeiten vor, die sich um die Kulturgeschichte der Stadt wohl verdient gemacht haben. Da erscheinen Namen wie Achilles, Basedow, Berwald, Clauberg, Davids, Demmler, Ehmig, Engel, Flemming, von Flotow, Hennemann, Hinrichs, Kücken, Malchin, Reuter, von Schack, Schloepke, Seidel, Tarnow, Wachenhusen, Wossidlo u. v. a. m.
Ein sachlicher und dennoch unterhaltsamer kleiner Wegweiser durch einige Jahrhunderte Kulturgeschichte Schwerins.

Klaus-Henning Schroeder
DAVIDS' ENKEL
Eine Jugend in Schwerin

Ludwig Davids Enkel zeichnet einfühlsam und unterhaltsam den Lebensweg seines Großvaters, seiner Eltern und seine eigene Jugend in Schwerin nach.
Sein Großvater war ein bekannter Schweriner Buchhändler im 19. Jahrhundert, der im Demmler-Haus die Buchhandlung führte und Bücher Rudolf Tarnows verlegte.
Da werden alte Straßenzüge, zum Schweriner Stadtbild gehörende manchmal einmalige Persönlichkeiten, – da wird das Leben Schwerins um 1900 bis in die 40er und 50er Jahre wieder lebendig.
Lebendige Zeitgeschichte in Wort und Bild dokumentiert – aber nicht nur Schweriner Geschichte, sondern die Davids' und die Schroeders als Familiengeschichte und als Schicksal einer ganzen Generation.
Davids' Enkel entschloß sich, 1955 die damalige DDR zu verlassen.